Dezimalzahlen schreiben und anordnen

1 Trage die Dezimalzahlen in die Stellenwerttafel ein.

acht Zehntel sieben Hundertstel
fünf Zehntel neun Hundertstel drei Tausendstel
acht Zehntel vier Hundertstel zwei Tausendstel
vierzehn Tausendstel
sechsundneunzig Hundertstel
siebenhundertzwölf Tausendstel
zwei Einer sieben Hundertstel
fünf Zehner acht Einer vier Zehntel
siebenundzwanzig Zehntel
vierhundertfünfundsechzig Hundertstel

H	Z	E	z	h	t

2 Welche Dezimalzahlen sind auf dem Zahlenstrahl gekennzeichnet?

a)

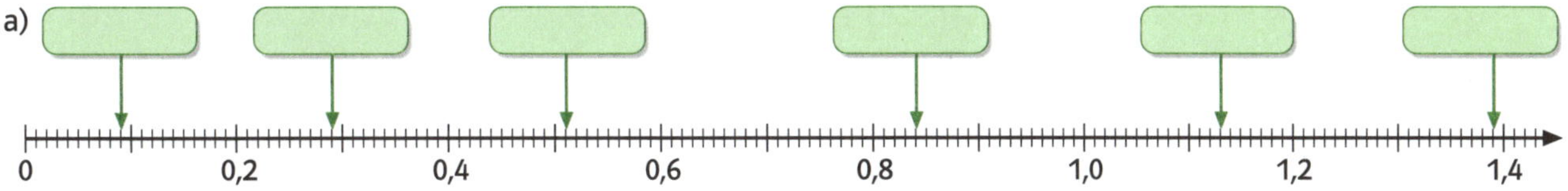

b)

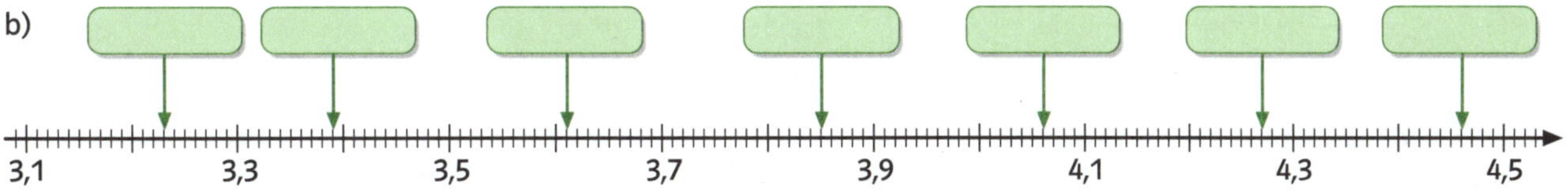

3 Vervollständige die Einteilung des Zahlenstrahls und trage die angegebenen Dezimalzahlen ein.

a) 0,35 0,52 1,28 0,77 1,42 0,96 1,11

b) 0,748 0,731 0,789 0,85 0,804 0,76 0,828

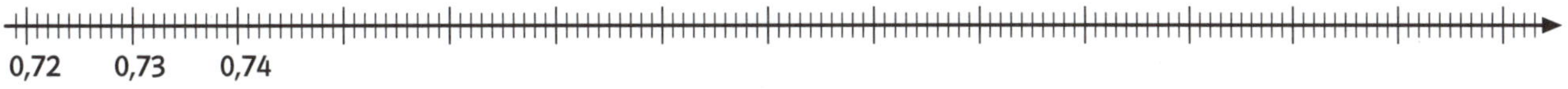

c) 0,0457 0,059 0,0472 0,0555 0,051 0,0529 0,0578

4 Unterstreiche jeweils die größte Dezimalzahl und kreise die kleinste Dezimalzahl ein.

0,717 0,177 0,771 0,117 0,171 0,711

1,044 1,404 1,104 1,014 1,401 1,041

0,565 0,556 0,655 0,566 0,656 0,665

4,707 4,077 4,007 4,047 4,704 4,477

Dezimalzahlen addieren und subtrahieren

1 Addiere im Kopf.

a) 1,4 + 7,2 = ____
2,6 + 5,1 = ____
8,3 + 1,6 = ____
6,2 + 3,7 = ____

b) 3,4 + 5,6 = ____
7,4 + 2,8 = ____
9,7 + 3,6 = ____
5,8 + 4,9 = ____

c) 11,3 + 17,5 = ____
31,4 + 22,3 = ____
51,9 + 17,2 = ____
63,5 + 11,6 = ____

2 Subtrahiere im Kopf.

a) 9,8 − 2,6 = ____
8,5 − 7,2 = ____
7,9 − 6,6 = ____
8,8 − 5,4 = ____

b) 5,4 − 2,6 = ____
6,1 − 3,9 = ____
9,7 − 7,9 = ____
8,2 − 4,8 = ____

c) 19,4 − 7,2 = ____
21,8 − 5,6 = ____
35,4 − 8,7 = ____
42,1 − 5,8 = ____

3 Schreibe Komma unter Komma und berechne das Ergebnis.

a) 78,3 + 19,5

b) 7,83 + 0,68

c) 12,83 + 19,38

d) 4,825 + 9,62

e) 4,72 − 1,88

f) 0,532 − 0,071

g) 5,2 − 1,842

h) 1,903 − 0,07

i) 13,1 + 7,004 + 0,6

k) 0,8 + 2,55 + 0,302

l) 7 + 4,71 + 2,063

m) 1,005 + 2,51 + 0,9

4 Schreibe die Rechnung auf und bestimme das Ergebnis.

a) Addiere 3,8 und 5,7. ____

b) Subtrahiere 7,5 von 10,8. ____

c) Bestimme die Summe aus 14,6 und 3,5. ____

d) Bestimme die Differenz von 18,6 und 12,4. ____

e) Addiere zu 8,4 die Differenz aus 3,6 und 2,5. ____

f) Subtrahiere von 9,7 die Summe aus 2,4 und 6,6. ____

g) Subtrahiere von 8 die Differenz aus 5,6 und 2,4. ____

Dezimalzahlen multiplizieren und dividieren

1 Vervollständige die Tabelle.

a)

	• 10	• 100	• 1000
13,65			
0,026			
0,0008			

b)

	: 10	: 100	: 1000
23,7			
1,43			
0,074			

c)

	• 10	• 100	• 1000
1,052			
0,402			
0,00011			

d)

	: 10	: 100	: 1000
5,71			
0,287			
0,0004			

2 Berechne das Produkt im Kopf.

a) 0,5 · 3 = ________
6 · 0,7 = ________
0,8 · 4 = ________

b) 0,6 · 0,02 = ________
0,04 · 0,3 = ________
0,05 · 0,07 = ________

c) 1,5 · 0,4 = ________
1,1 · 0,7 = ________
0,8 · 1,2 = ________

d) 0,09 · 0,7 = ________
0,006 · 0,3 = ________
0,004 · 0,04 = ________

3 Berechne den Quotienten im Kopf.

a) 1,5 : 3 = ________
2,4 : 6 = ________
2,8 : 7 = ________

b) 0,6 : 2 = ________
0,24 : 3 = ________
0,36 : 6 = ________

c) 1,2 : 0,4 = ________
1,4 : 0,7 = ________
4,8 : 1,2 = ________

d) 0,09 : 0,3 = ________
0,72 : 0,9 = ________
0,012 : 0,03 = ________

4 Kreise das richtige Ergebnis ein.

a) 2,7 · 0,3	b) 3,6 · 0,4	c) 0,5 · 0,24	d) 0,15 · 0,4	e) 0,12 · 0,2	f) 0,25 · 0,02
0,81	0,144	1,2	0,06	0,24	0,5
8,1	1,44	0,12	0,6	0,024	0,05
81	14,4	0,012	6	0,0024	0,005
g) 15,6 : 3	**h) 21,6 : 6**	**i) 7,05 : 15**	**k) 0,54 : 0,09**	**l) 0,144 : 0,36**	**m) 9,9 : 0,11**
0,52	0,036	0,47	0,06	0,04	0,9
5,2	0,36	4,7	0,6	0,4	9
52	3,6	47	6	4	90

5 Schreibe die Rechnung auf und bestimme das Ergebnis.

a) Dividiere die Summe aus 7,6 und 0,8 durch 4. ____________________

b) Multipliziere die Summe aus 2,7 und 6,3 mit 8. ____________________

c) Dividiere die Differenz aus 8,9 und 2,6 durch 3. ____________________

d) Dividiere die Summe aus 5,9 und 2,9 durch 4. ____________________

6 Multipliziere schriftlich.

a) 5,2 · 4,7

b) 3,6 ·0,72

c) 0,62 · 0,58

d) 1,45 · 0,32

e) 0,0464 · 7,5

f) 1,053 ·0,66

g) 0,00731 · 0,032

7 Dividiere schriftlich.

a) 88,2 : 6

b) 6,51 :7

c) 17,28 : 8

d) 22,6688 : 0,4

e) 11,5983 : 0,09

8 Vervollständige die Tabellen.

a)

	· 2,1	· 0,45	· 0,022
13,65			
0,126			
0,0581			

b)

	: 0,4	: 0,07	: 0,006
0,252			
0,1344			
9,7188			

Dezimalzahlen runden

1 Runde

a) auf Zehntel

2,54 ≈ ______

1,87 ≈ ______

16,534 ≈ ______

0,719 ≈ ______

b) auf Hundertstel

0,344 ≈ ______

2,817 ≈ ______

31,546 ≈ ______

0,888 ≈ ______

c) auf Tausendstel

1,7452 ≈ ______

7,6166 ≈ ______

12,4305 ≈ ______

0,87464 ≈ ______

d) auf Einer

3,54 ≈ ______

27,48 ≈ ______

0,42 ≈ ______

0,64 ≈ ______

e) auf Hundertstel

1,794 ≈ ______

8,597 ≈ ______

0,795 ≈ ______

2,8991 ≈ ______

f) auf Zehntel

1,929 ≈ ______

2,948 ≈ ______

7,961 ≈ ______

19,953 ≈ ______

2 Runde

	0,6434	1,5768	16,5299	7,0806	0,9999
auf Zehntel					
auf Hundertstel					
auf Tausendstel					

3 Die angegebenen Dezimalzahlen sind auf Hundertstel gerundet. Wie groß können sie vor dem Runden gewesen sein? Gib jeweils fünf Möglichkeiten an.

0,57   0,573   0,567   ______   ______   ______

3,24   ______   ______   ______   ______   ______

0,71   ______   ______   ______   ______   ______

1,80   ______   ______   ______   ______   ______

4 Runde

a) auf Meter

96,6 cm ≈ ______ m

3,6422 km ≈ ______ m

7,3489 km ≈ ______ m

b) auf Euro

6,84 € ≈ ______ €

2,28 € ≈ ______ €

19,53 € ≈ ______ €

c) auf Kilogramm

19,9534 t ≈ ______ kg

2795,2 g ≈ ______ kg

15 377,9 g ≈ ______ kg

d) auf Kilometer

1842,5 m ≈ ______ km

0,864 km ≈ ______ km

2892,2 m ≈ ______ km

e) auf Quadratmeter

289,9 dm^2 ≈ ______ m^2

8,499 a ≈ ______ m^2

12,395 a ≈ ______ m^2

f) auf Minuten

75,2 s ≈ ______ min

91,4 s ≈ ______ min

195,8 s ≈ ______ min

Sachaufgaben

1 Auf ihrer Fahrradtour legen Daniela und Sven am ersten Tag 23,56 km zurück. Am zweiten Tag fahren sie 31,9 km und am dritten Tag 27,08 km.

Frage: ______________________________

Rechnung:

Anwort:

____

____

____

2 Ein Lastwagen hat ein zulässiges Gesamtgewicht von 7,4 t. Das Eigengewicht des Lastwagens (einschließlich Fahrer) beträgt 2,85 t.

Frage: ______________________________

Rechnung:

Anwort:

____

____

____

3 Die Wand eines Zimmers ist 4,78 m lang und 2,50 m hoch. Sie soll neu gestrichen werden.

Frage: ______________________________

Rechnung:

Anwort:

____

____

____

4 Eine Treppe ist 2,80 m hoch. Sie hat 16 Stufen.

Frage: ______________________________

Rechnung:

Anwort:

____

____

____

1

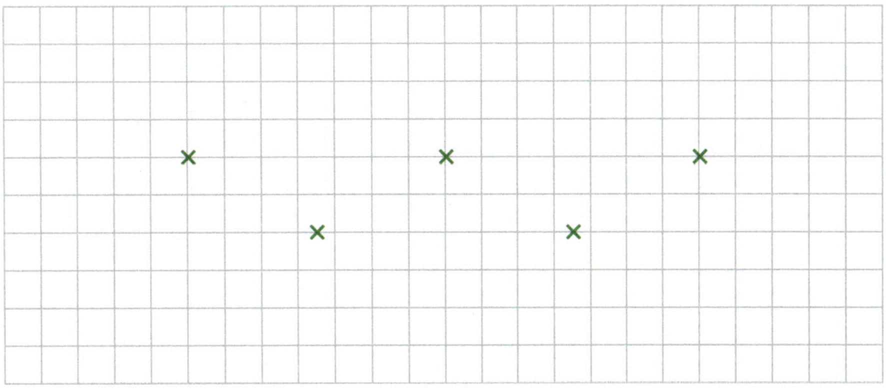

Die Farben der fünf olympischen Ringe symbolisieren je einen der fünf Kontinente. Die Farbe Blau steht für Europa, Gelb für Asien, Schwarz für Afrika, Grün für Australien und Rot für Amerika.
Zeichne auf dem karierten Papier um jeden Punkt einen Kreis mit dem Radius r = 1,0 cm und einen weiteren Kreis mit r = 1,5 cm. Färbe die so entstandenen Ringe in der angegebenen Reihenfolge.

2 Vervollständige die Tabelle.

Radius r	14 cm		76 mm	9,3 cm		34,6 dm	
Durchmesser d		58 cm			12,4 m		0,080 km

3

a) Zeichne einen Kreis, der durch alle Eckpunkte des Quadrats verläuft.
b) Zeichne einen weiteren Kreis, der die vier Seiten des Quadrats jeweils in einem Punkt berührt.
c) Gib jeweils die Länge des Radius und des Durchmessers an.

Antwort: ______________________________

____

____

4 Ein Rettungshubschrauber ist in Bielefeld stationiert. Von dort kann er alle Orte bis zu einer Entfernung von 50 km anfliegen.
a) Gib drei Orte an, für die der Hin- und Rückflug zusammen genau 90 km beträgt.
b) Nenne drei Orte, für die der Hubschrauber jeweils zwischen 30 km und 60 km (Hin- und Rückflug) zurücklegen muss.

Antwort: ______________________________

____

____

Kreismuster

1 Färbe in den abgebildeten Figuren jeweils unterschiedliche Teilflächen farbig. Du erhältst dadurch schöne Kreismuster.

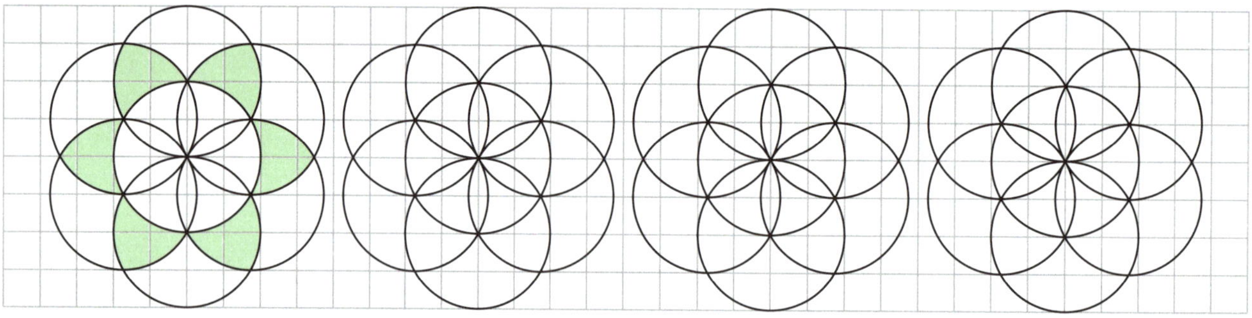

2 Setze das Kreismuster fort und färbe es mit verschiedenen Farben. Die Kreuze markieren jeweils die Lage eines Kreismittelpunktes.

a)

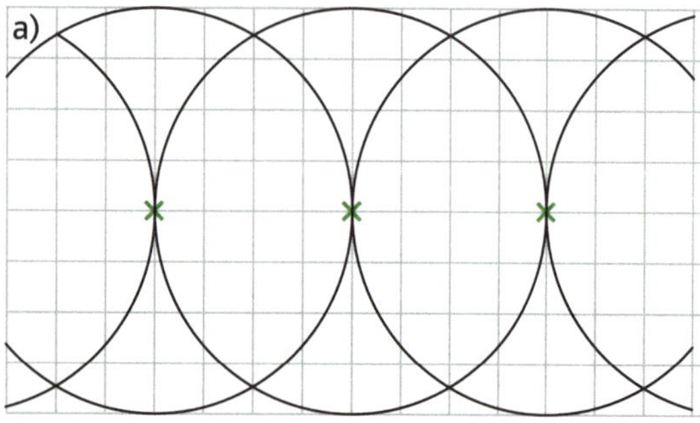

b)

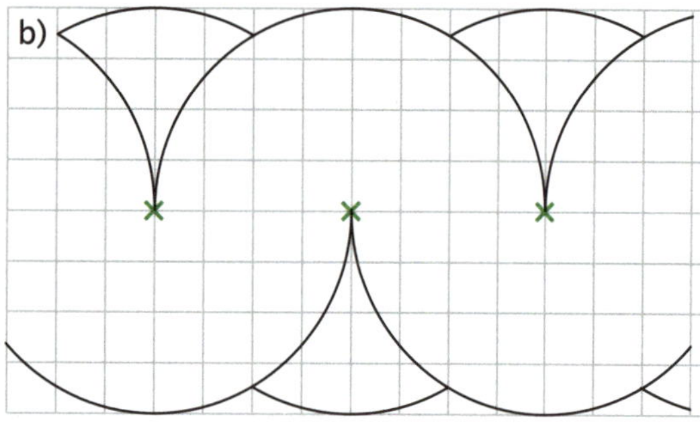

3 Übertrage das folgende Muster und gestalte es farbig.

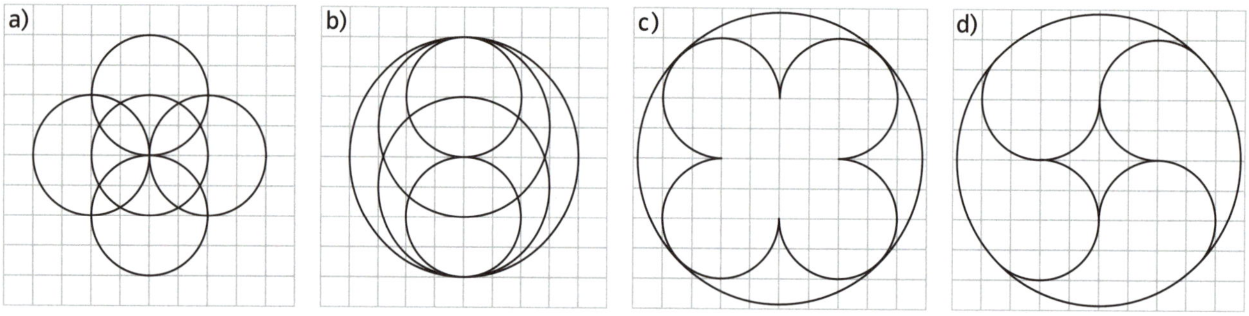

Winkel

1 Wie groß ist der Winkel, den eine Wetterfahne bei folgender Winddrehung überstrichen hat? Es gibt zwei Lösungen. Markiere in der Windrose die Winddrehungen durch verschieden farbige Kreisbögen.

a) 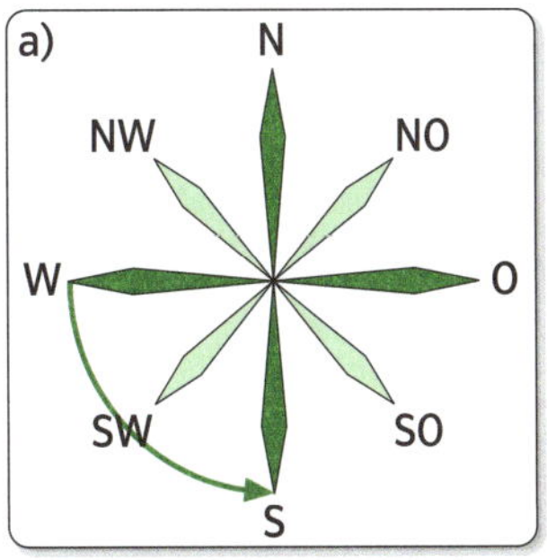

von W nach S

90° ______ ______

b) 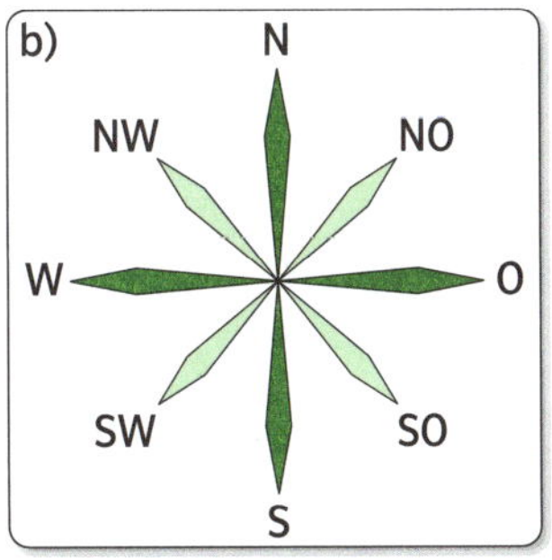

von NO nach W

______ ______

c) 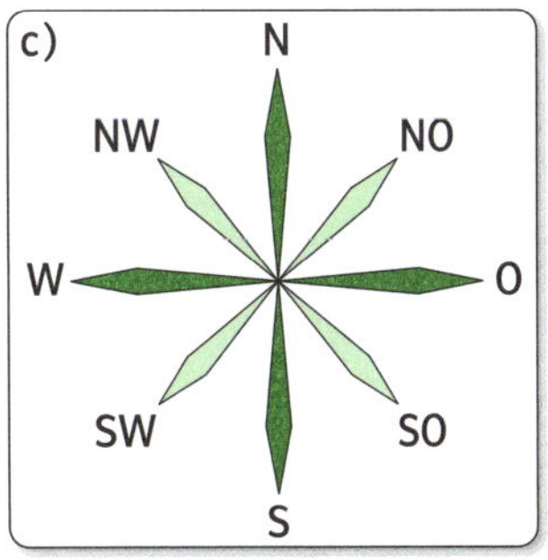

von SO nach O

______ ______

d) 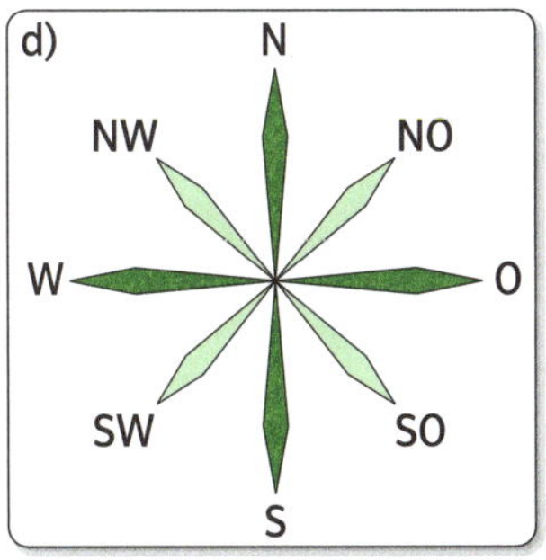

von NW nach SO

______ ______

2 a) Färbe auf dem Zifferblatt der abgebildeten Uhr einen Winkel, den der große Zeiger in der angegebenen Zeitspanne überstreicht. Gib auch die zugehörige Winkelgröße an.

10 Minuten

______

25 Minuten

______

35 Minuten

______

50 Minuten

______

b) Vervollständige die Tabelle.

Winkelgröße, die der große Zeiger der Uhr überstreicht	90°		30°		240°		12°		48°		276°	312°
Zeitspanne (in Minuten)		20		30		55		1		31		

3

Winkel werden oft mit kleinen griechischen Buchstaben bezeichnet.
alpha (α) beta (β) gamma (γ)
delta (δ) epsilon (ε) phi (φ)

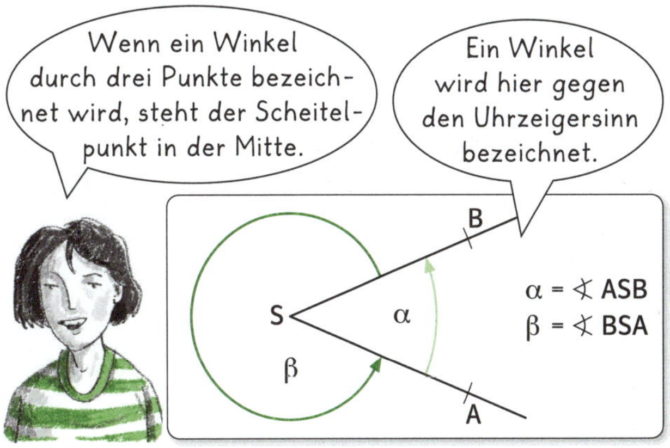

Bezeichne die durch einen Kreisbogen markierten Winkel durch drei Punkte.

a) 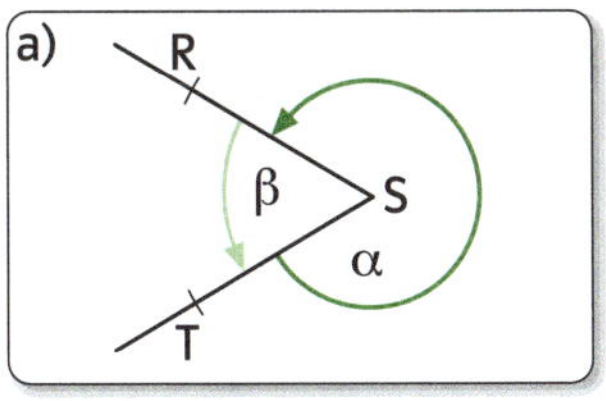

α = ______

β = ______

b) 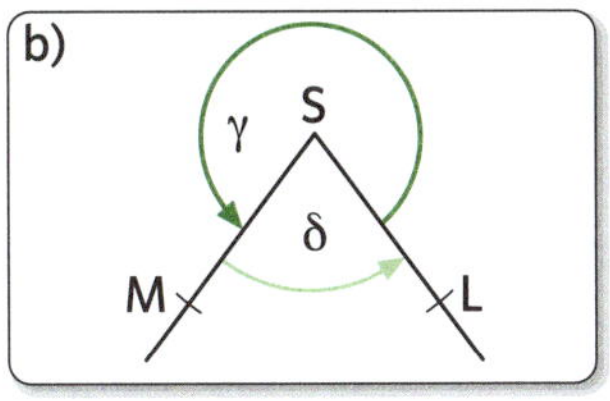

γ = ______

δ = ______

c) 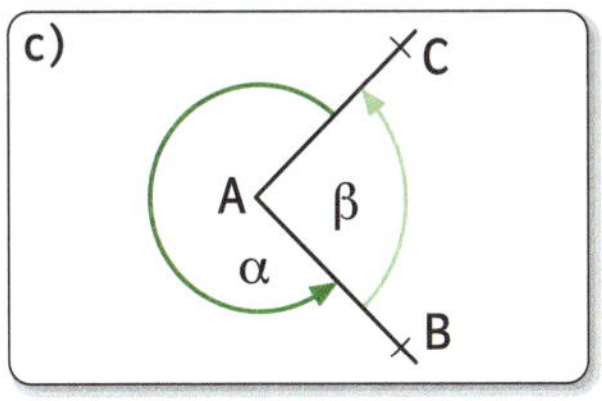

α = ______

β = ______

d) 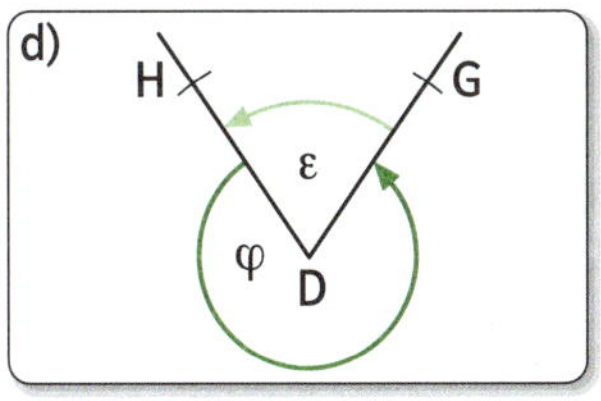

ε = ______

φ = ______

1 a) Ordne die folgenden Winkelgrößen richtig zu: 115°, 37°, 90°, 210°, 15°, 167°, 180°, 322°, 360°

spitzer Winkel: __________ rechter Winkel: __________ stumpfer Winkel: __________

gestreckter Winkel: __________ überstumpfer Winkel: __________ Vollwinkel: __________

b)

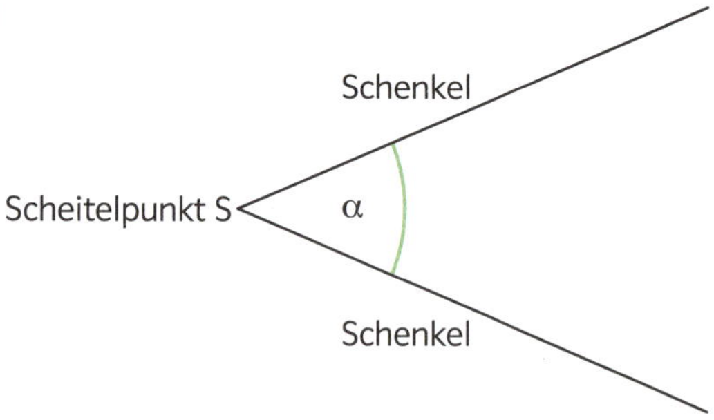

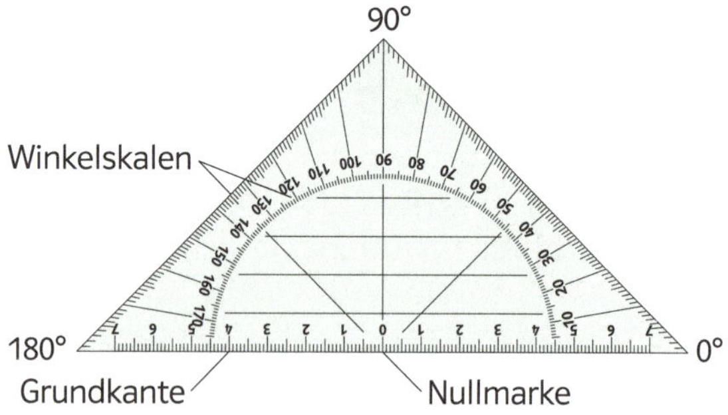

Beschreibe, wie du mithilfe eines Geodreiecks die Größe eines Winkels messen kannst.

____

____

____

c) Gib für die gekennzeichneten Winkel jeweils die Winkelart an. Schätze jeweils die Winkelgröße und überprüfe deinen geschätzten Wert durch eine Messung.

Winkel	α	β	γ	δ	ε
Winkelart					
geschätzte Größe					
gemessene Größe					

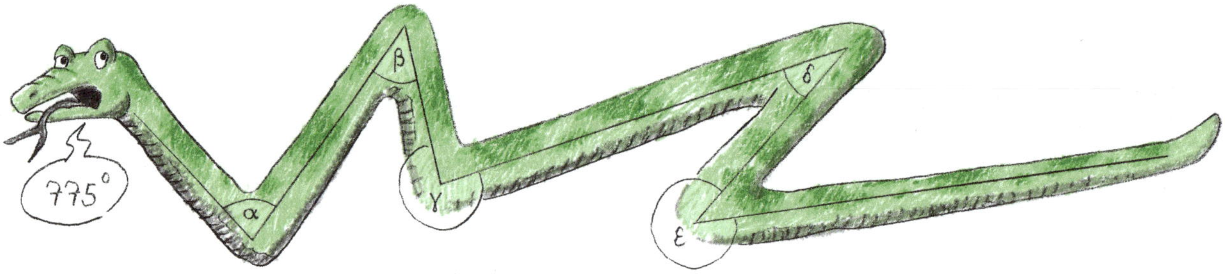

2 Zeichne zunächst die Punkte S, A und B mit den angegebenen Koordinaten in das Koordinatensystem. Zeichne ∢ ASB und bestimme seine Größe.

a) S (1|1), A (13|2), B (2|8)

b) S (7|3), A (15|7), B (5|7)

c) S (22|8), A (11|3), B (26|4)

d) S (32/1), A (24|1), B (23|8)

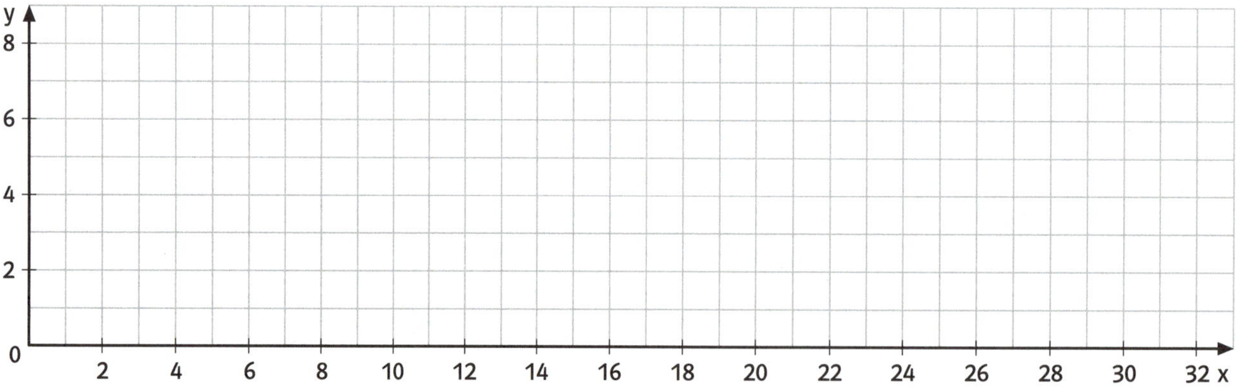

Winkelgröße: a) __________ b) __________ c) __________ d) __________

3 Beschreibe, wie du mithilfe eines Geodreiecks einen 55° großen Winkel zeichnen kannst.

Antwort: ____

____

____

____

4 Zeichne einen Winkel der vorgegebenen Größe. Markiere den Winkel mit einem Kreisbogen.

a) 50° b) 70° c) 25° d) 94° e) 115° f) 143° g) 132° i) 17°

5 Zeichne in das Koordinatensystem die Punkte A, B, C und D mit den angegebenen Koordinaten. Verbinde die Punkte zu einem Viereck ABCD. Welche Figur erhältst du? Bestimme die Größe der Innenwinkel.

a) A (1|5), B (11|2), C (15|6), D (5|9)

b) A (14|1), B (28|3), C (27|11), D (20|10)

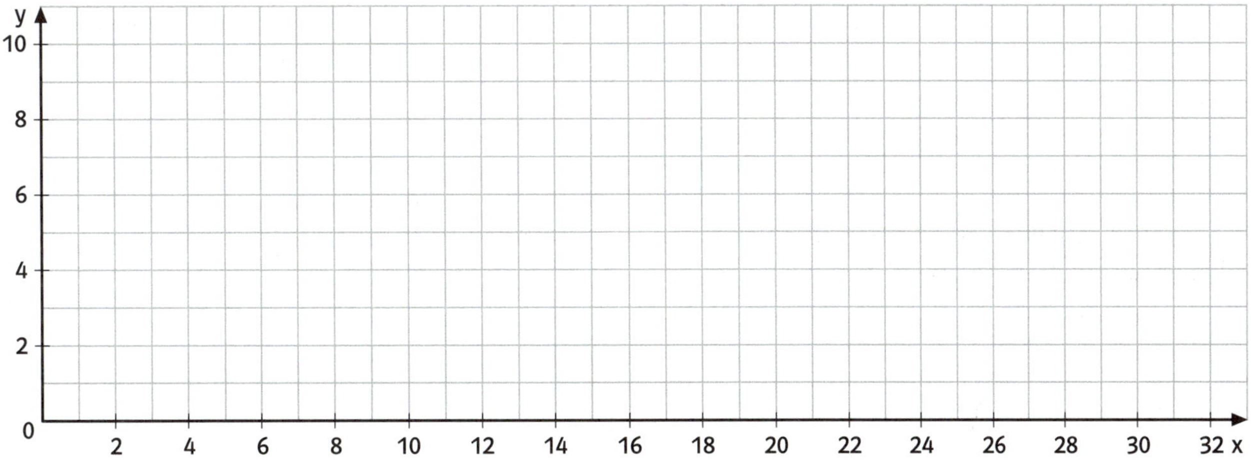

Antwort: ____

____

Brüche darstellen

1 Welcher Bruchteil der Figur ist grün gefärbt?
Tipp: Versuche zuerst, die Figur in gleich große Flächen einzuteilen.

a) —
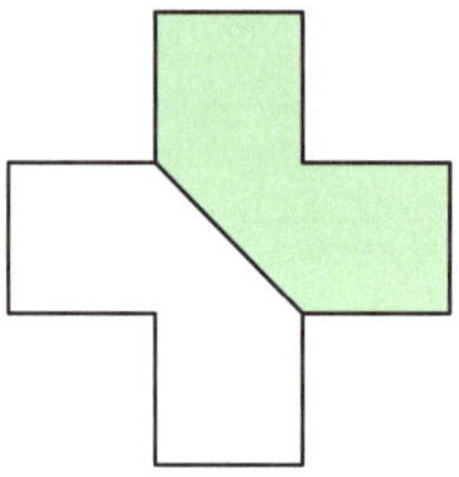

b) —
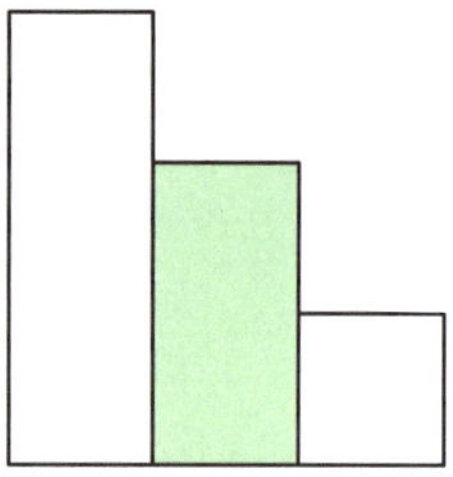

c) —
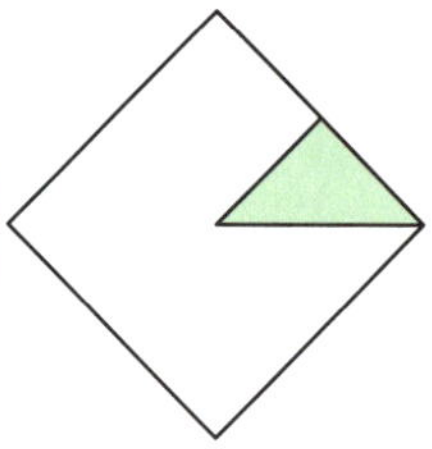

d) —
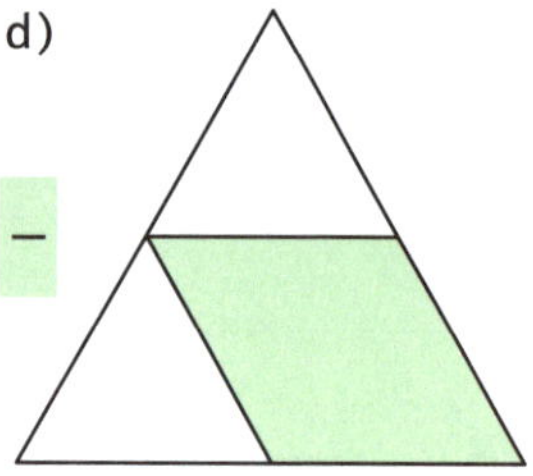

e) —
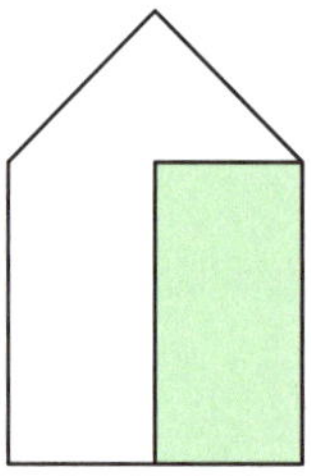

f) —
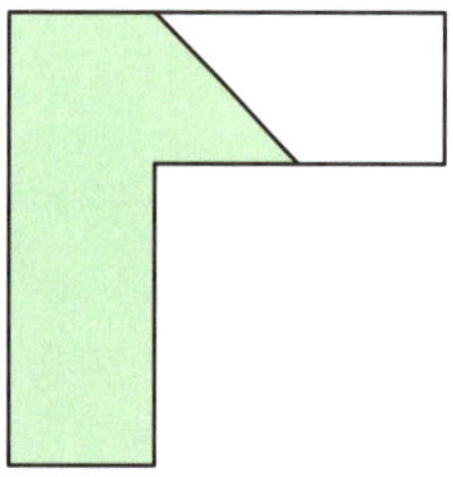

g) —
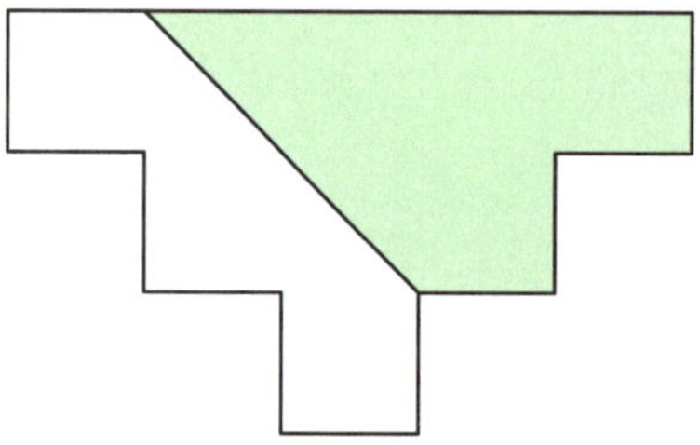

h) —
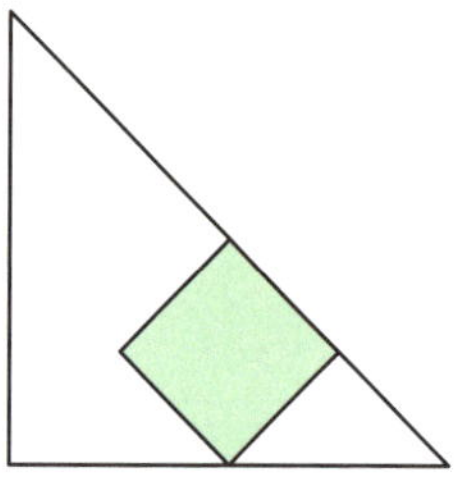

i) —
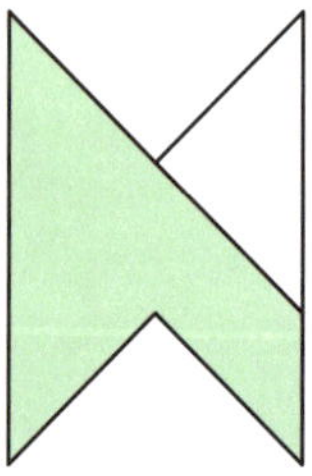

k) —
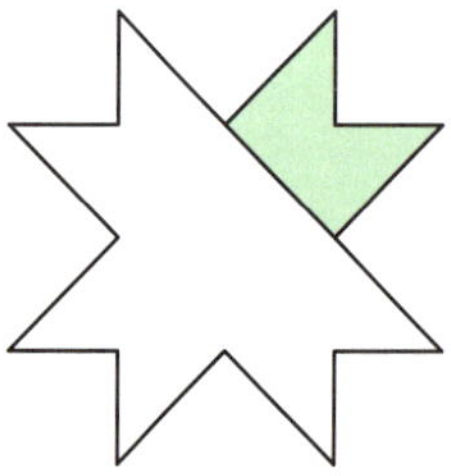

l) —
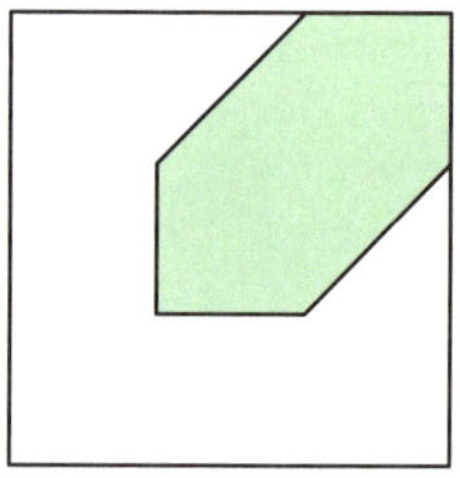

m) —
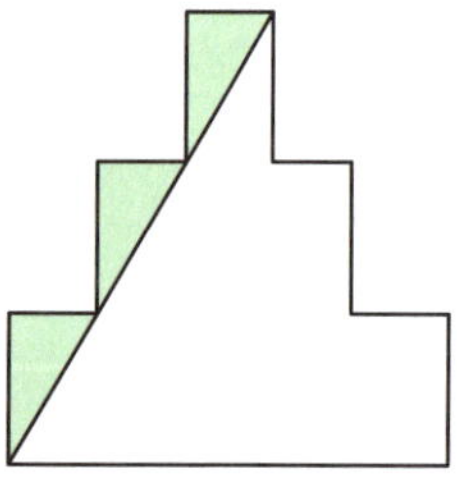

2 Färbe den angegebenen Bruchteil.

a) $\frac{3}{7}$
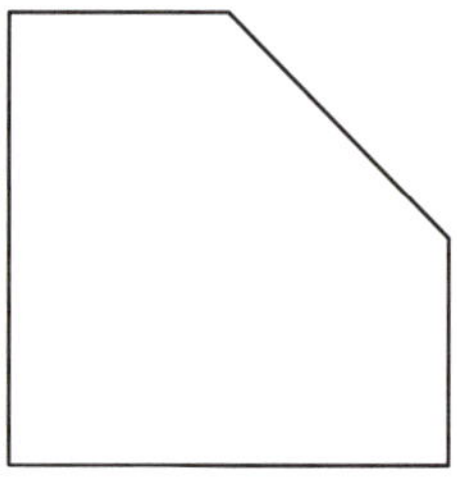

b) $\frac{7}{10}$

c) $\frac{3}{26}$
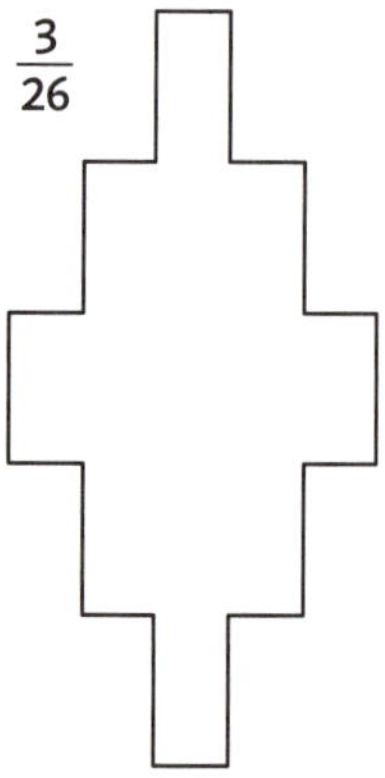

d) $\frac{1}{6}$
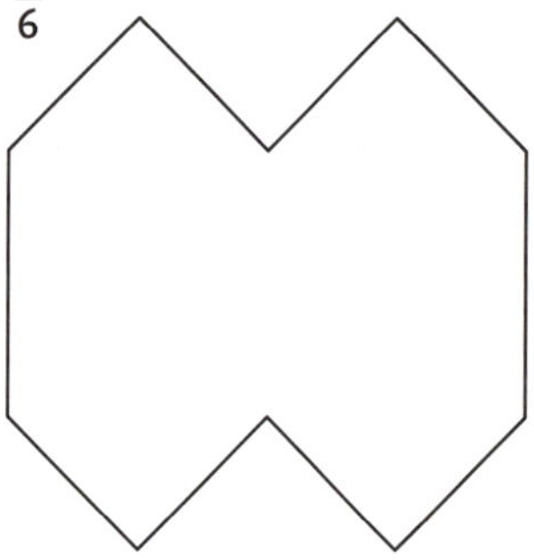

3 Stelle die Brüche in den Kreisen farbig dar. Überlege dir vorher, welche Kreiseinteilung zu welchem Bruch passt.

$\frac{2}{5}$ $\frac{5}{8}$ $\frac{3}{5}$ $\frac{3}{20}$

a)
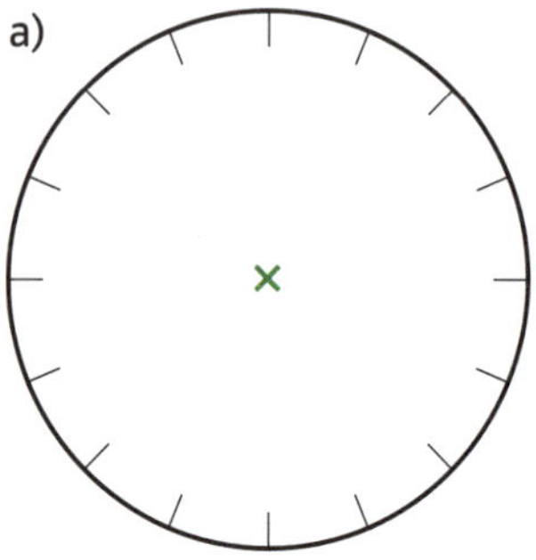

b)
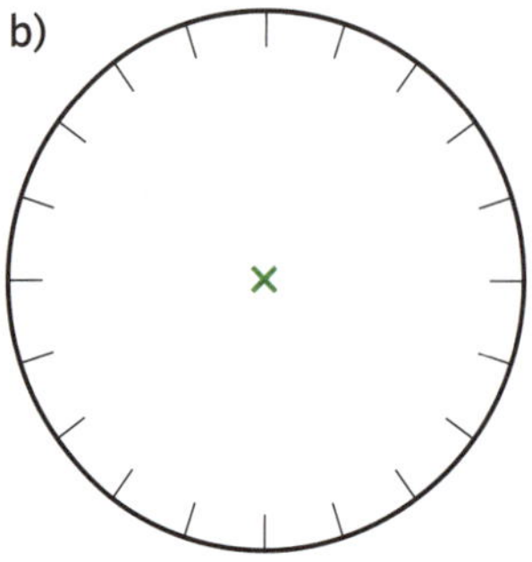

c)
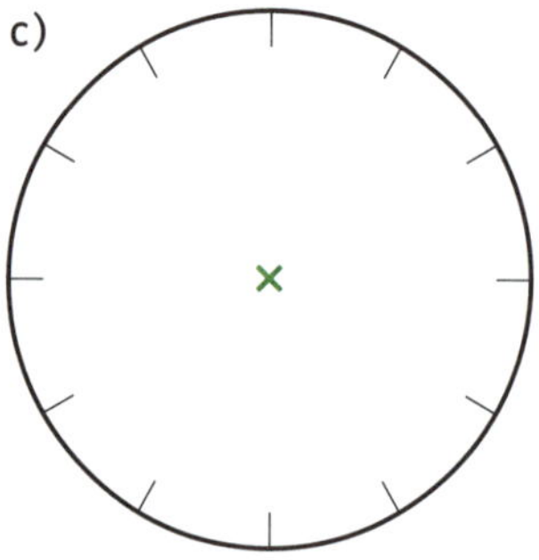

d)
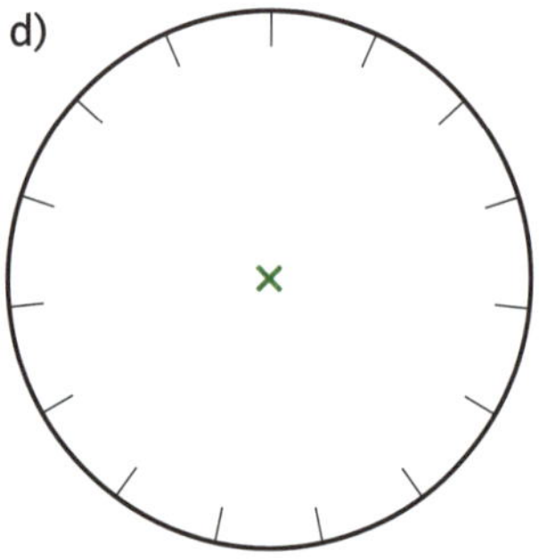

Erweitern und Kürzen

1 Welcher Bruchteil der dargestellten Figur ist gefärbt? Mit welcher Zahl wurde erweitert?

a)

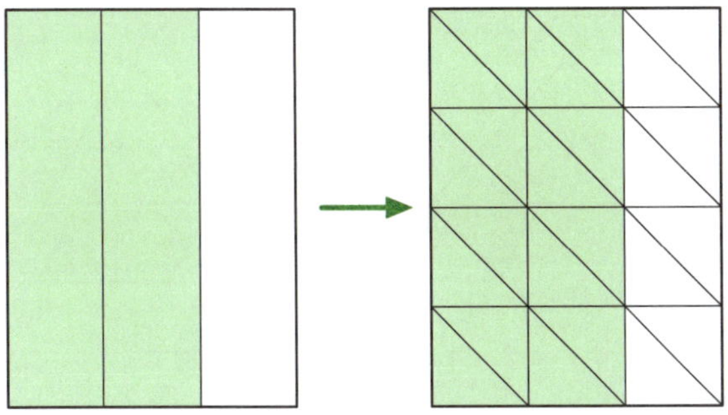

wird erweitert mit ______.

b)

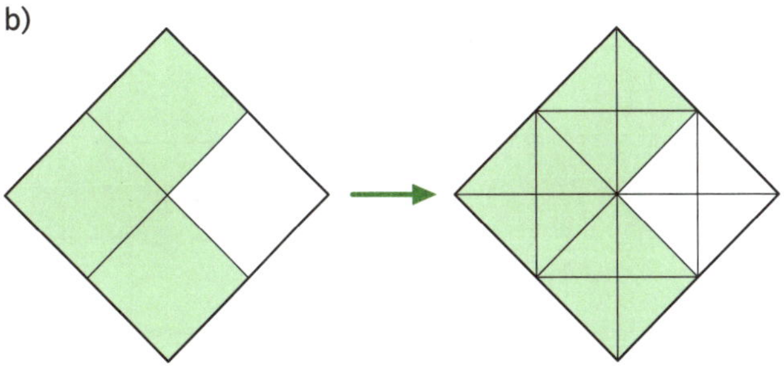

wird erweitert mit ______.

2 Welcher Bruchteil der dargestellten Figur ist gefärbt? Durch welche Zahl wurde gekürzt?

a)

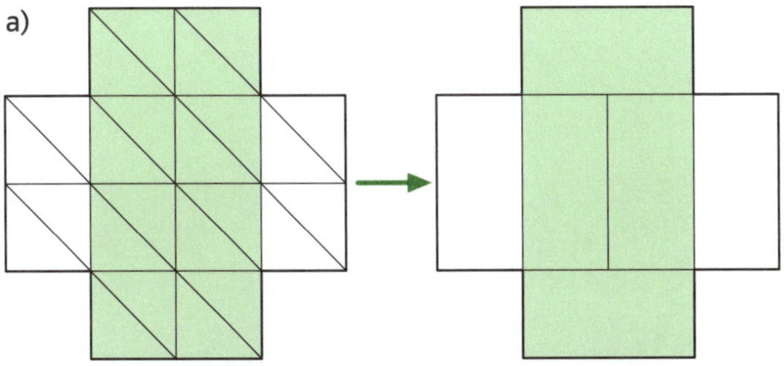

wird gekürzt durch ______.

b)

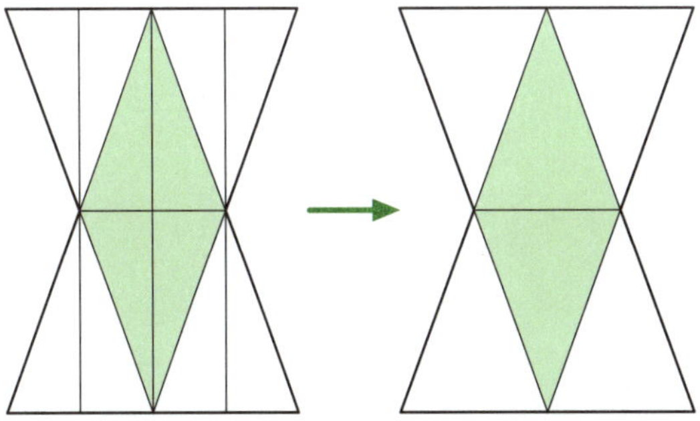

wird gekürzt durch ______.

3 Suche die Erweiterungszahl und berechne den Platzhalter.

a) $\frac{1}{7} = \frac{\square}{28}$ b) $\frac{2}{9} = \frac{6}{\square}$ c) $\frac{3}{5} = \frac{9}{\square}$ d) $\frac{7}{11} = \frac{\square}{99}$ e) $\frac{5}{8} = \frac{\square}{96}$ f) $\frac{4}{17} = \frac{44}{\square}$ g) $\frac{2}{3} = \frac{\square}{27}$ h) $\frac{3}{17} = \frac{21}{\square}$

4 Suche die Kürzungszahl und berechne den Platzhalter.

a) $\frac{20}{35} = \frac{\square}{7}$ b) $\frac{60}{75} = \frac{12}{\square}$ c) $\frac{64}{80} = \frac{\square}{10}$ d) $\frac{49}{84} = \frac{\square}{12}$ e) $\frac{48}{54} = \frac{\square}{9}$ f) $\frac{26}{65} = \frac{\square}{5}$ g) $\frac{24}{36} = \frac{\square}{3}$ h) $\frac{34}{51} = \frac{2}{\square}$

5 Kürze soweit wie möglich. $\frac{16}{48} = \frac{8}{24} = \frac{4}{12} = \frac{1}{3}$

a) $\frac{18}{81} =$ b) $\frac{30}{48} =$ c) $\frac{56}{84} =$ d) $\frac{60}{132} =$ e) $\frac{24}{168} =$

f) $\frac{42}{70} =$ g) $\frac{70}{105} =$ h) $\frac{88}{144} =$ i) $\frac{28}{196} =$ k) $\frac{66}{114} =$

6 Vergleiche die Brüche. Setze kleiner, größer oder gleich (<, >, =) ein. Du musst dazu nicht immer die Brüche durch Erweitern oder Kürzen gleichnamig machen.

a) $\frac{2}{3} \square \frac{13}{21}$ b) $\frac{23}{60} \square \frac{2}{5}$ c) $\frac{3}{17} \square \frac{3}{19}$ d) $\frac{24}{48} \square \frac{3}{4}$ e) $\frac{36}{54} \square \frac{2}{3}$ f) $\frac{40}{65} \square \frac{3}{5}$ g) $\frac{3}{23} \square \frac{3}{27}$

h) $\frac{7}{18} \square \frac{1}{3}$ i) $\frac{7}{60} \square \frac{1}{12}$ k) $\frac{23}{29} \square \frac{23}{31}$ l) $\frac{49}{56} \square \frac{7}{8}$ m) $\frac{19}{48} \square \frac{1}{3}$ n) $\frac{13}{72} \square \frac{2}{9}$ o) $\frac{17}{45} \square \frac{4}{9}$

Gemischte Zahlen

1 Schreibe als Bruch und als gemischte Zahl.

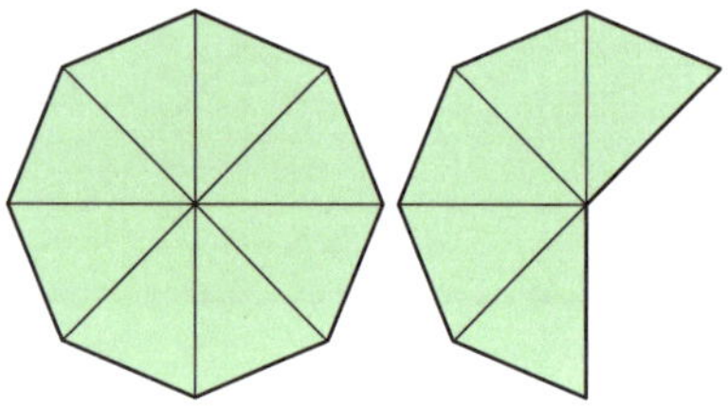

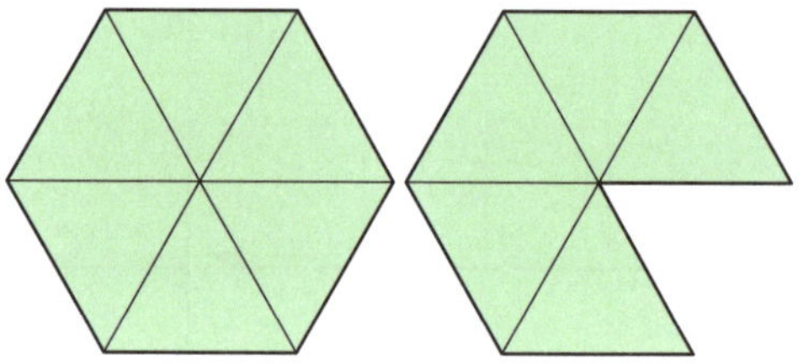

a) ______________ b) ______________ c) ______________

2 Stelle die gemischten Zahlen mithilfe geeigneter Rechtecke dar.

a) $1\frac{1}{3}$

b) $2\frac{3}{5}$

c) $2\frac{3}{8}$

d) $1\frac{7}{16}$

3 Schreibe als gemischte Zahl oder als natürliche Zahl.

a) $\frac{11}{3} =$ b) $\frac{19}{4} =$ c) $\frac{15}{5} =$ d) $\frac{60}{12} =$ e) $\frac{44}{7} =$

f) $\frac{19}{7} =$ g) $\frac{28}{7} =$ h) $\frac{28}{1} =$ i) $\frac{66}{11} =$ k) $\frac{100}{3} =$

l) $\frac{46}{9} =$ m) $\frac{37}{8} =$ n) $\frac{32}{4} =$ o) $\frac{29}{15} =$ p) $\frac{63}{20} =$

4 Schreibe als Bruch.

a) $2\frac{1}{3} =$ b) $3\frac{3}{4} =$ c) $3\frac{4}{5} =$ d) $4\frac{5}{12} =$ e) $3\frac{4}{7} =$

f) $4\frac{3}{7} =$ g) $3\frac{5}{11} =$ h) $5\frac{4}{9} =$ i) $6\frac{3}{11} =$ k) $23\frac{1}{3} =$

l) $17\frac{2}{3} =$ m) $12\frac{2}{5} =$ n) $13\frac{1}{6} =$ o) $10\frac{7}{12} =$ p) $20\frac{11}{20} =$

Brüche am Zahlenstrahl

1 Gib jeweils einen Bruch an, der zu der markierten Stelle gehört.

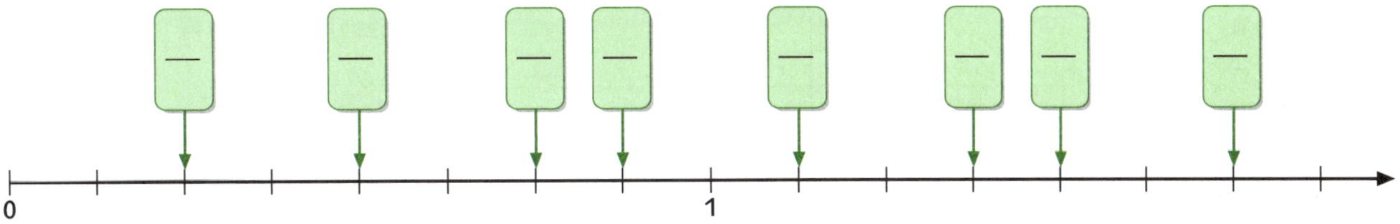

2 Trage die Brüche am Zahlenstrahl ein: $\frac{3}{10}$, $\frac{3}{4}$, $\frac{17}{20}$, $\frac{2}{5}$, $\frac{13}{10}$, $\frac{3}{2}$, $\frac{7}{5}$, $\frac{5}{4}$, $\frac{1}{2}$, $\frac{23}{20}$, $\frac{1}{5}$

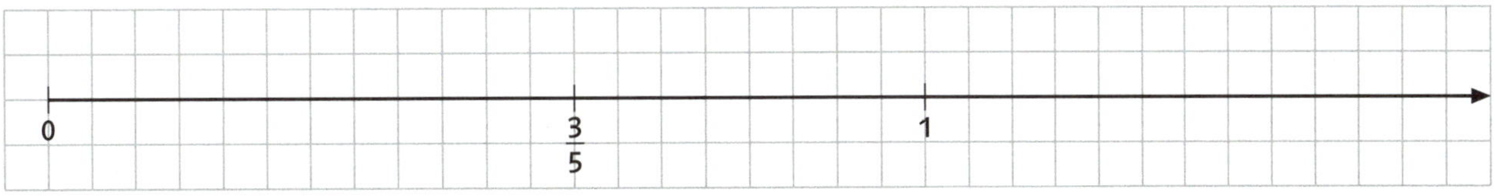

3 Gib die markierte Stelle auf dem Zahlenstrahl jeweils als Bruch und als gemischte Zahl an.

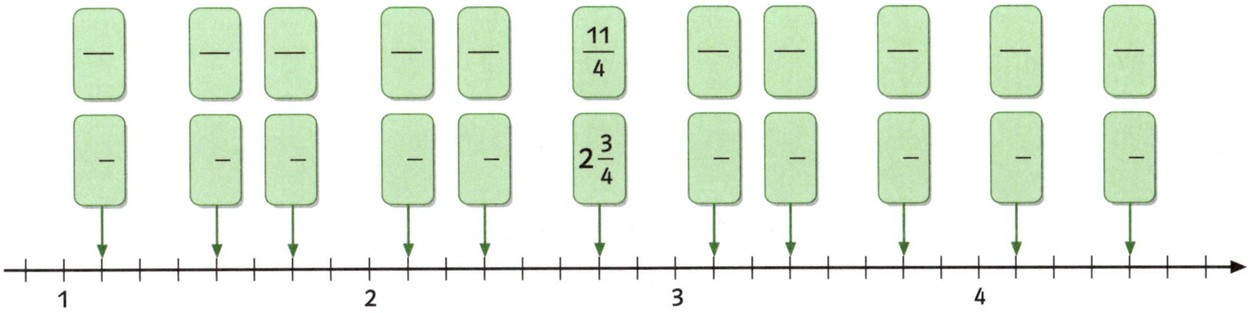

4 Zeichne einen Zahlenstrahl von 0 bis 3 (15 cm lang) und trage die folgenden Brüche ein.

$1\frac{1}{2}$, $\frac{2}{5}$, $\frac{6}{10}$, $\frac{13}{10}$, $\frac{3}{2}$, $\frac{7}{5}$, $\frac{3}{5}$, $2\frac{2}{5}$, $\frac{26}{10}$, $\frac{12}{5}$, $\frac{15}{10}$, $\frac{14}{5}$, $2\frac{3}{5}$, $2\frac{9}{10}$

5 Gib die markierte Stelle jeweils als natürliche Zahl, Bruch oder gemischte Zahl an.

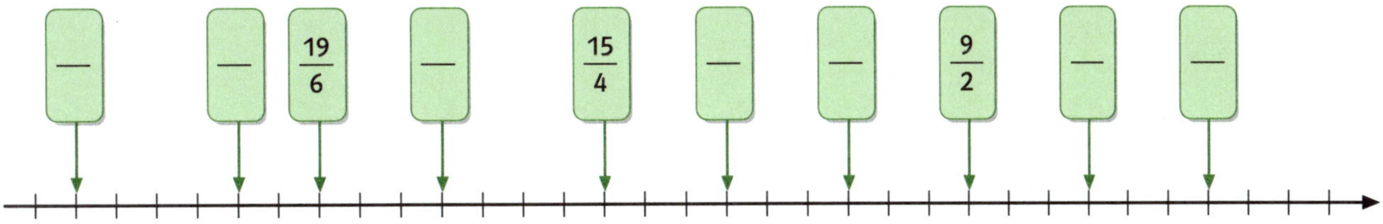

Bruchteile berechnen, das Ganze bestimmen

1 Stelle den angegebenen Bruchteil dar.

a) $\frac{2}{3}$ von 9 cm

b) $\frac{4}{5}$ von 10 cm

c) $\frac{3}{4}$ von 12 cm

d) $\frac{5}{6}$ von 12 cm

2 Vervollständige.

a) $\frac{2}{3}$ von 60 cm sind ______ cm.

b) $\frac{7}{10}$ von 500 g sind ______ g.

c) $\frac{3}{5}$ von 500 € sind ______ €.

d) $\frac{5}{6}$ von 30 m^2 sind ______ m^2.

e) $\frac{4}{9}$ von 72 m sind ______ m.

f) $\frac{3}{4}$ von 2000 € sind ______ €.

g) $\frac{4}{11}$ von 88 kg sind ______ kg.

h) $\frac{5}{7}$ von 42 *l* sind ______ *l*.

i) $\frac{1}{4}$ von 3 m sind ______ m.

k) $\frac{3}{4}$ von 2 km sind ______ km.

3 Ein Bruchteil des Ganzen ist dargestellt. Ergänze zum Ganzen.

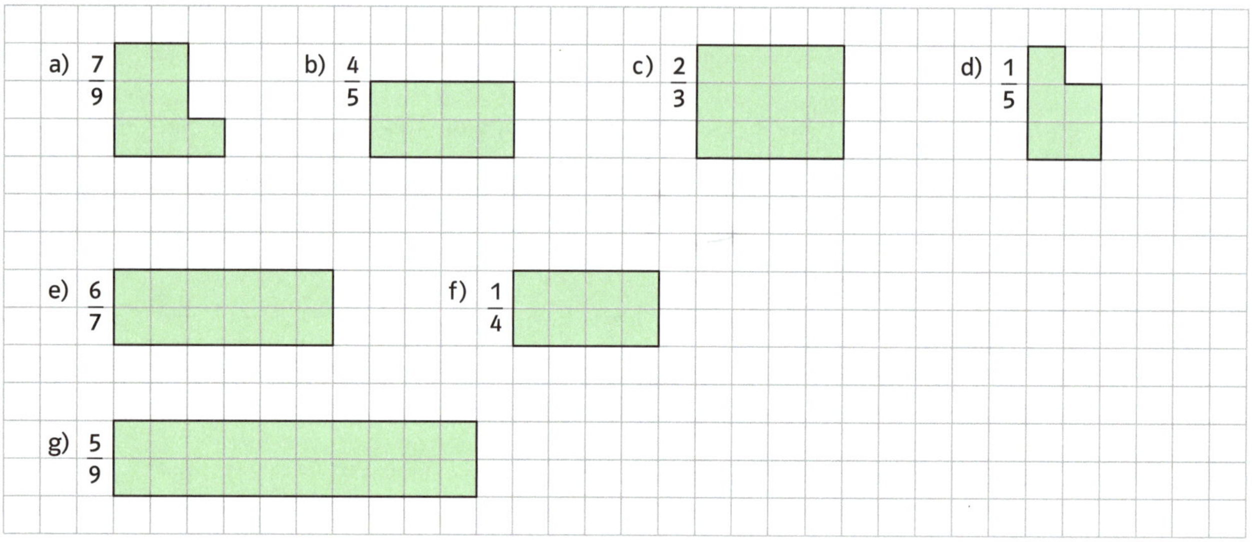

4 Vervollständige.

a) $\frac{1}{3}$ von ______ m sind 20 m.

b) $\frac{1}{4}$ von ______ € sind 25 €.

c) $\frac{3}{4}$ von ______ kg sind 15 kg.

d) $\frac{2}{5}$ von ______ *l* sind 10 *l*.

e) $\frac{5}{7}$ von ______ km sind 25 km.

f) $\frac{4}{9}$ von ______ g sind 400 g.

g) $\frac{1}{4}$ von ______ € sind 1,50 €.

h) $\frac{3}{4}$ von ______ m sind 7,50 m.

i) $\frac{2}{5}$ von ______ m sind 3 m.

k) $\frac{4}{5}$ von ______ kg sind 10 kg.

1 Vervollständige die Stellenwerttafel.

	Z	E	z	h	t	
	10	1	$\frac{1}{10}$	$\frac{1}{100}$	$\frac{1}{1000}$	
1,34		1	3	4		$1 + \frac{3}{10} + \frac{4}{100}$
0,56						
1,706						
2,33						
0,351						
0,034						
0,207						
4,782						
12,04						

2 a) Gib die auf dem Zahlenstrahl gekennzeichneten Zahlen als Dezimalzahl und als Bruch an.

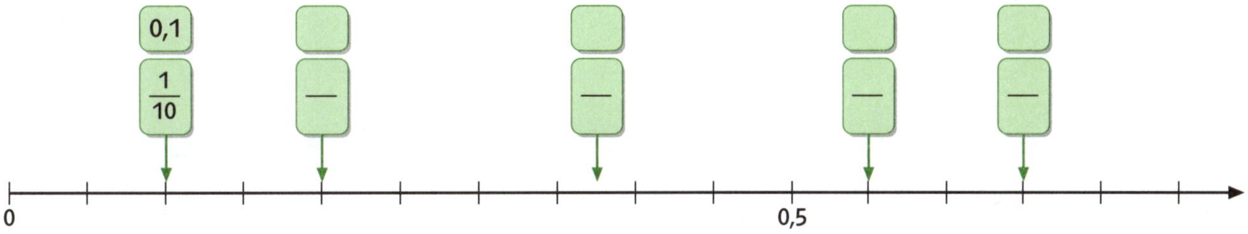

b) Gib die auf dem Zahlenstrahl gekennzeichneten Zahlen als Dezimalzahl und als gemischte Zahl an.

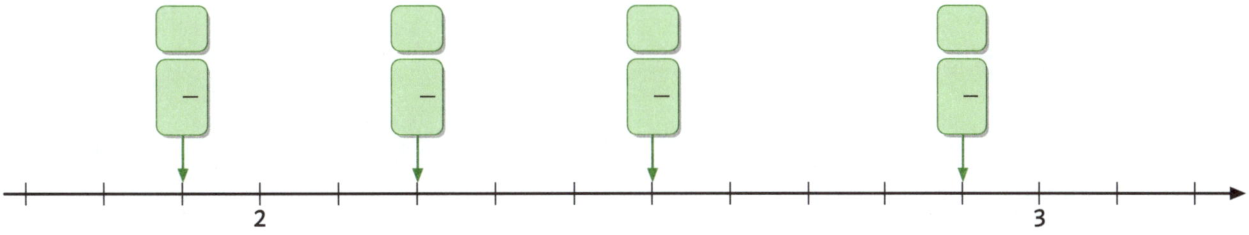

3 Erweitere den Bruch auf den Nenner 10, 100 oder 1000 und schreibe ihn als Dezimalzahl.

a) $\frac{3}{5}$ = ______ =
b) $\frac{7}{20}$ = ______ =
c) $\frac{8}{25}$ = ______ =

d) $\frac{13}{50}$ = ______ =
e) $\frac{13}{4}$ = ______ =
f) $\frac{11}{500}$ = ______ =

g) $\frac{11}{40}$ = ______ =
h) $\frac{91}{250}$ = ______ =
i) $\frac{101}{125}$ = ______ =

4 Kreise alle Brüche ein, die du als abbrechende Dezimalzahl schreiben kannst.

a) $\frac{3}{5}$ $\frac{2}{3}$ $\frac{5}{6}$ $\frac{2}{9}$ $\frac{3}{8}$ $\frac{11}{12}$ $\frac{13}{16}$ $\frac{17}{20}$ $\frac{10}{11}$ $\frac{11}{18}$ $\frac{23}{40}$ $\frac{14}{15}$ $\frac{9}{32}$

b) $\frac{5}{8}$ $\frac{1}{6}$ $\frac{7}{9}$ $\frac{2}{5}$ $\frac{9}{11}$ $\frac{13}{20}$ $\frac{17}{25}$ $\frac{9}{40}$ $\frac{7}{12}$ $\frac{3}{7}$ $\frac{11}{13}$ $\frac{24}{125}$ $\frac{3}{14}$

1 Gib zu den einzelnen Bruchteilen die passenden Prozentzahlen an.

a)

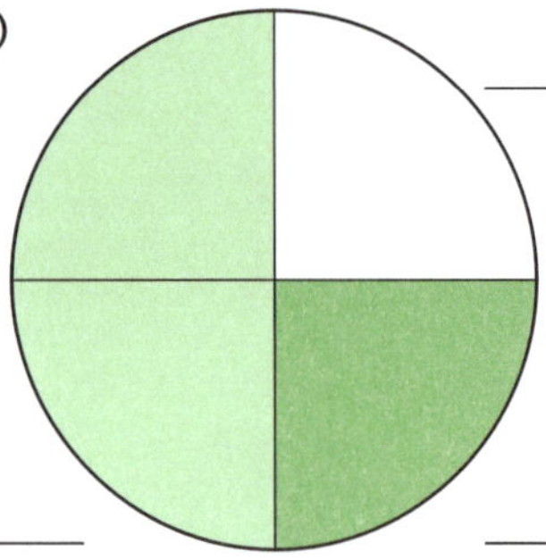

b)

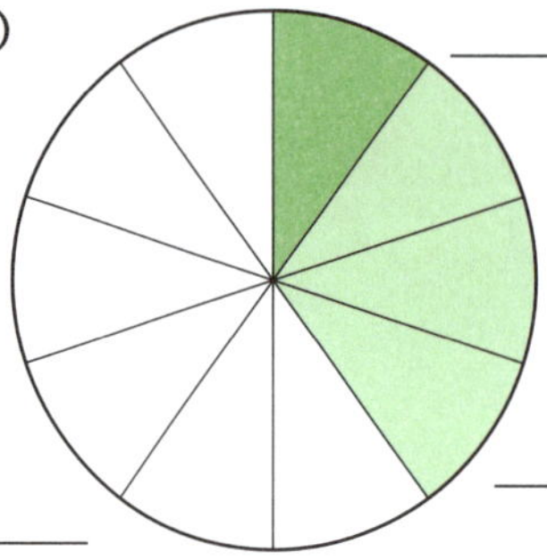

c)

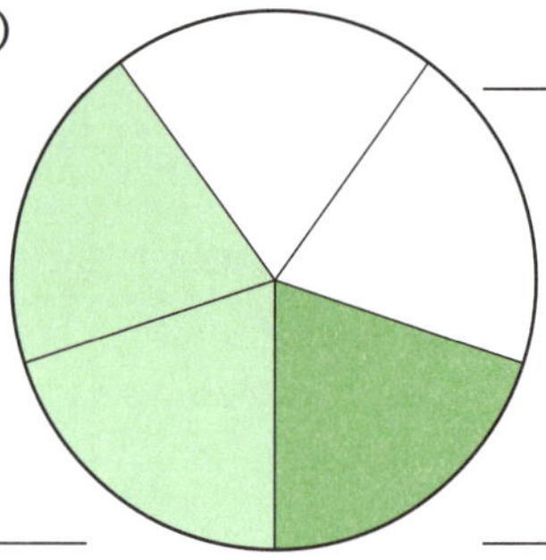

2 Verwandle den Bruch in eine Prozentzahl, färbe den entsprechenden Bruchteil des Hunderterfeldes und gib den nicht gefärbten Bruchteil in Prozent an.

a) $\frac{13}{100}$ = ______ %

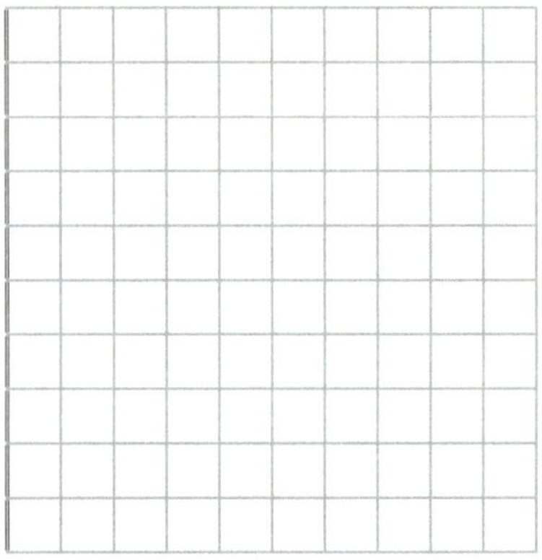

nicht gefärbter Bruchteil

______ %

b) $\frac{71}{100}$ = ______ %

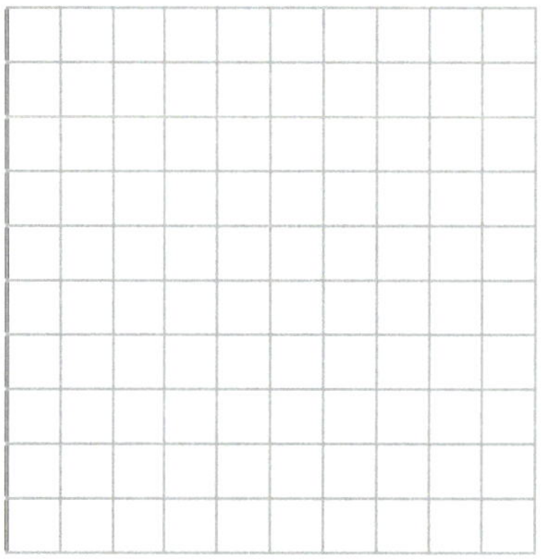

nicht gefärbter Bruchteil

______ %

c) $\frac{53}{100}$ = ______ %

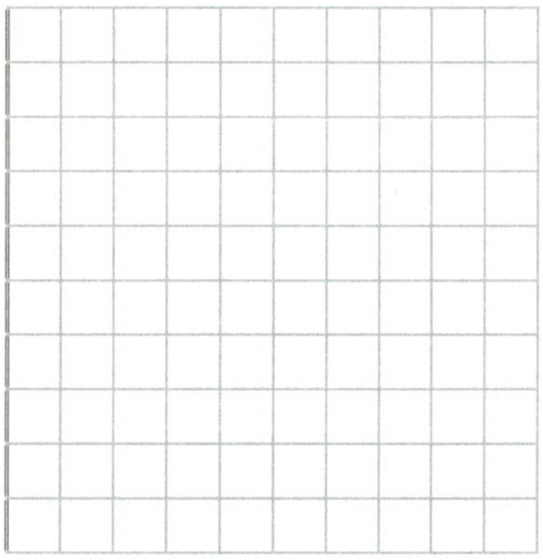

nicht gefärbter Bruchteil

______ %

3 Vervollständige die Tabelle.

	a)	b)	c)	d)	e)	f)	g)	h)
Bruch	$\frac{3}{4}$	$\frac{7}{10}$	$\frac{2}{5}$					
Hundertstelbruch				$\frac{15}{100}$	$\frac{2}{100}$			
Dezimalzahl							0,25	
Prozentzahl						4 %		60 %

4 Vervollständige.

a) 20 % von 500 € sind $\frac{20}{100}$ von 500 €. $\frac{20}{100}$ von 500 € sind ______ €.

b) 12 % von 200 kg sind ☐ von 200 kg. ☐ von 200 kg sind ______ kg.

c) 9 % von 400 m sind ☐ von 400 m. ☐ von 400 m sind ______ m.

d) 20 % von 50 g sind ☐ von 50 g. ☐ von 50 g sind ______ g.

e) 10 % von 150 km sind ☐ von 150 km. ☐ von 150 km sind ______ km.

Zufallsexperimente durchführen und auswerten

1 Wenn zwei unterschiedliche Münzen (zum Beispiel eine 2-Cent-Münze und eine 5-Cent-Münze) zusammen geworfen werden, ist das ein Zufallsexperiment.

a) Nimm zwei unterschiedliche Münzen aus deinem Portmonee und lege fest, welche die 1. Münze und welche die 2. Münze sein soll.

b) Wirf beide Münzen fünfzigmal und notiere die Ergebnisse in der Strichliste.
Das Ergebnis „Zahl" bei einer Münze wird dabei mit Z, das Ergebnis „Bild" mit B abgekürzt.

c) Bestimme die absoluten Häufigkeiten und fülle die Tabelle aus.

Häufigkeitstabelle

Ergebnis	absolute Häufigkeit	relative Häufigkeit als	
		Bruch	Dezimalzahl
(B, B)			
(B, Z)			
(Z, B)			
(Z, Z)			

d) Stelle die absoluten Häufigkeiten in einem Säulendiagramm dar.

Doppelter Münzwurf

1. Münze: ________ 2. Münze: ________

Strichliste

1. Münze B, 2. Münze B	
1. Münze B, 2. Münze Z	
1. Münze Z, 2. Münze B	
1. Münze Z, 2. Münze Z	

Säulendiagramm

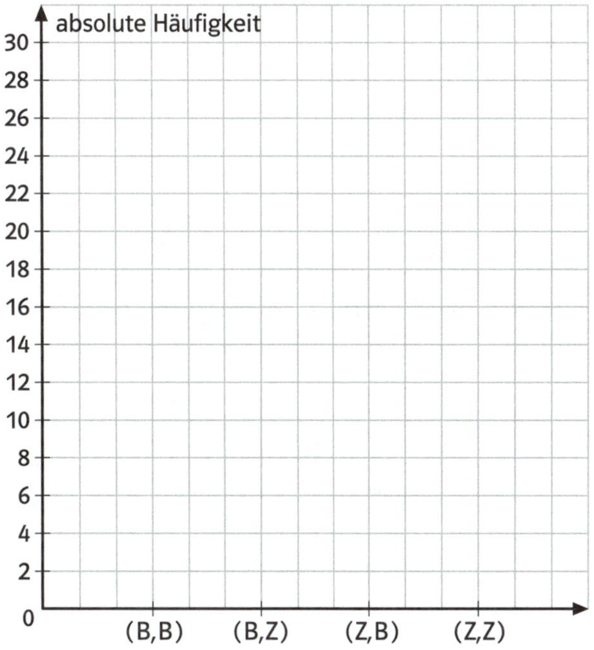

2 Wirf hundertmal eine Heftzwecke oder einmal 100 Heftzwecken.

a) Halte die Ergebnisse in einer Strichliste fest und bestimme die absoluten Häufigkeiten.

b) Berechne die relativen Häufigkeiten als Bruch und in Prozent und trage sie in die Häufigkeitstabelle ein.

Häufigkeitstabelle

Ergebnis	absolute Häufigkeit	relative Häufigkeit	
		als Bruch	in Prozent
Kopf			
Seite			

c) Stelle die relativen Häufigkeiten in einem Stabdiagramm dar.

Strichliste

Kopf	
Seite	

Stabdiagramm

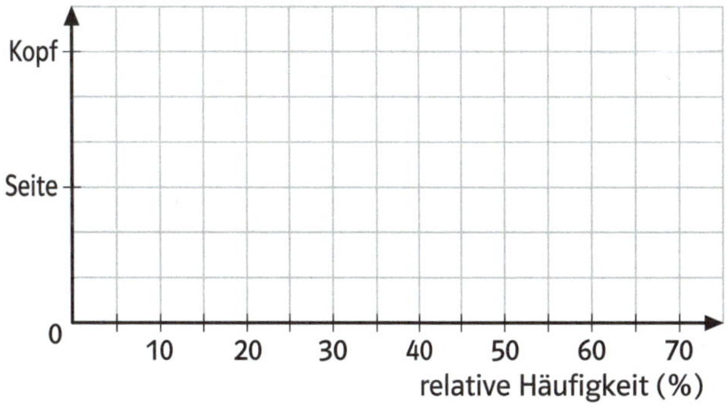

3 In einer Umfrage in der Schule wurden zufällig ausgesuchte Jungen gefragt, welche Art von Computerspiel sie am liebsten spielen. Jeder befragte Junge durfte nur eine Spielart (ein Genre) nennen. Das Ergebnis der Umfrage wird in der Häufigkeitstabelle dargestellt.

a) Ergänze die Tabelle.

b) Das Ergebnis der Umfrage soll in einem Kreisdiagramm dargestellt werden. Berechne die Winkelgrößen der zugehörigen Kreisausschnitte. Runde auf ganzzahlige Werte.

c) Zeichne die Winkel in den Kreis ein und vervollständige das Kreisdiagramm.

Ergebnis	absolute Häufigkeit	relative Häufigkeit	
		als Bruch	%
Rollenspiele	12	$\frac{12}{150} = \frac{4}{50} = \frac{8}{100}$	8
Adventure-Spiele	9		
Sport- und Simulationsspiele	33		
Actionspiele	57		
Strategie- u. Denkspiele	39		
Summe	150		

8 % von 360° sind ■
$\frac{1}{100}$ von 360° sind 3,6°.
$\frac{8}{100}$ von 360° sind 3,6° · 8 = 28,8°.
8 % von 360° sind ungefähr gleich 29°.

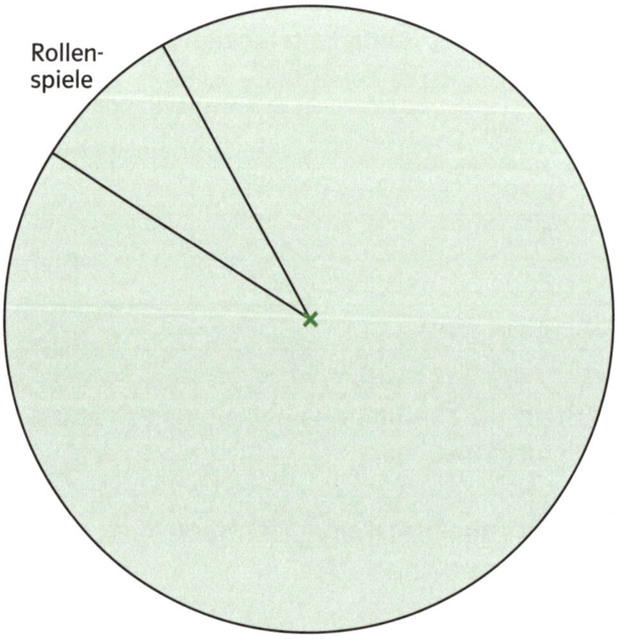

4 Aus einer Urne mit drei roten, zwei schwarzen, einer blauen und vier weißen Kugeln wurde mehrere Male eine Kugel mit Zurücklegen gezogen.
Stelle das Ergebnis des Zufallsexperiments in einem Kreisdiagramm dar.

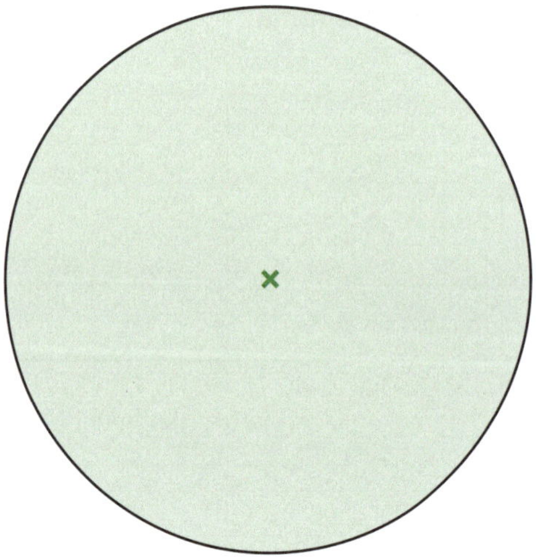

Ergebnis	absolute Häufigkeit	relative Häufigkeit als	
		Bruch	Dezimalzahl
rot	56		
schwarz	34		
blau	22		
weiß	88		
Summe			

Arithmetisches Mittel und Median

1 Alina hat an mehreren Schultagen aufgeschrieben, wie viel Zeit sie für die Hausaufgaben benötigt hat.
Berechne das arithmetische Mittel $\bar{x}$.

Dauer der Hausaufgaben (min)

38 45 65 73 45 29 30 41 62 18

$\bar{x} = \frac{38 + 45 + \quad}{\quad}$

2 Im 6. Jahrgang wurden Schülerinnen und Schüler nach der Anzahl der Fernseher im Haushalt gefragt. In der Häufigkeitstabelle findest du die Ergebnisse der Umfrage. Berechne das arithmetische Mittel $\bar{x}$ mithilfe der absoluten Häufigkeiten.

Anzahl der Fernseher	absolute Häufigkeit
1	28
2	44
3	19
4	9

$\bar{x} = \frac{1 \cdot 28 + 2 \cdot 44 + \quad}{\quad}$

3 Sarah übt für die Bundesjugendspiele Schlagballweitwurf.

Wurfweiten (m)

34 31 18 36 33

a) Berechne das arithmetische Mittel $\bar{x}$ der Wurfweiten.
b) Berechne den Median $\tilde{x}$. Ordne dazu die Wurfweiten der Größe nach.
c) Welcher Mittelwert beschreibt Sarahs Wurfleistungen besser? Begründe schriftlich.

Antwort: ______________________________

____

4 Jana und Lea üben Schlagballweitwurf.
a) Berechne jeweils das arithmetische Mittel $\bar{x}$ ihrer Wurfweiten.
b) Berechne jeweils den Median $\tilde{x}$.

Wurfweiten (m)

Jana:	37,5	20,0	37,0	34,5	35,0	36,5
Lea:	35,5	34,0	35,0	32,5	34,0	33,0

c) Wer ist die bessere Werferin? Begründe schriftlich.

Antwort: ______________________________

____

5 Die Schülerinnen und Schüler der 6 b haben ihre Körpergröße gemessen und die Daten in zwei Urlisten geschrieben.

Körpergröße Mädchen (cm)
156 152 147 149 141 170 152 138 141
170 152 154 157 150 149

Körpergröße Jungen (cm)
154 150 144 139 142 135 164 153 148
155 151 145 146 141

Bestimme für Mädchen und Jungen jeweils arithmetisches Mittel $\bar{x}$ und Median $\tilde{x}$. Runde sinnvoll.

Mädchen

Jungen

6 Im 6. Jahrgang wurde eine Umfrage zur Anzahl der im Haushalt lebenden Personen durchgeführt. Die ermittelten Daten wurden in einer Häufigkeitstabelle zusammengefasst. Berechne das arithmetische Mittel $\bar{x}$ mithilfe der absoluten Häufigkeiten.

Anzahl der im Haushalt lebenden Personen	absolute Häufigkeit
2	9
3	62
4	55
5	19
6	5
Summe	

7 Johannes und Julia haben mehrere Male einen Würfel geworfen und die Augenzahlen in einer Urliste festgehalten.

a) Bestimme die absoluten Häufigkeiten der einzelnen Augenzahlen und trage sie in die Häufigkeitstabelle ein.

b) Berechne mithilfe der absoluten Häufigkeiten das arithmetische Mittel $\bar{x}$.

c) Bestimme den Median $\tilde{x}$.

Augenzahlen
1 1 2 4 5 6 5 4 4 5 6 2 1 1 2 3 3 3
2 1 4 5 6 5 5 3 2 1 4 2 1 3 3 3 1 2
2 5 2 2 5 6 2 6 2 3 3 3 4 3 5 3 4 5
5 3 5 5 6 5

Augenzahl	absolute Häufigkeit
1	
2	
3	
4	
5	
6	
Summe	

Wahrscheinlichkeiten bestimmen

1 Das abgebildete Glücksrad wird einmal gedreht. Bestimme die folgenden Wahrscheinlichkeiten.

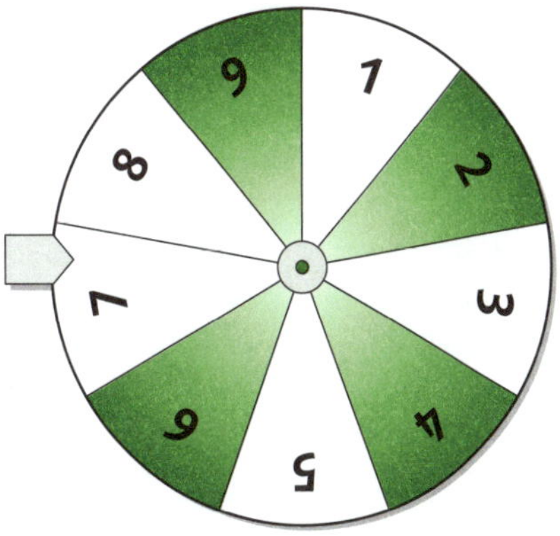

Wahrscheinlichkeit dafür, dass der Zeiger auf die Zahl 7 zeigt: ______

Wahrscheinlichkeit dafür, dass der Zeiger auf ein grünes Feld zeigt: ______

Wahrscheinlichkeit dafür, dass der Zeiger auf ein weißes Feld zeigt: ______

2 Aus der abgebildeten Urne wird eine Kugel gezogen. Bestimme die Wahrscheinlichkeiten der folgenden Ergebnisse.

a) Es wird eine grüne Kugel gezogen. ______

b) Es wird eine graue Kugel gezogen. ______

c) Es wird eine weiße Kugel gezogen. ______

d) Es wird eine Kugel mit der Ziffer 4 gezogen. ______

e) Es wird eine Kugel mit der Ziffer 3 gezogen. ______

f) Es wird eine Kugel mit der Ziffer 2 gezogen. ______

g) Es wird eine Kugel mit der Ziffer 1 gezogen. ______

h) Es wird eine Kugel mit der Ziffer 5 gezogen. ______

3 Teile das abgebildete Glücksrad so ein, dass die farbigen Anteile den angegebenen Wahrscheinlichkeiten entsprechen.

weiß: $\frac{3}{8}$ grün: $\frac{1}{4}$ blau: $\frac{1}{8}$ rot: $\frac{1}{4}$

Färbe die Kreisausschnitte entsprechend ein.

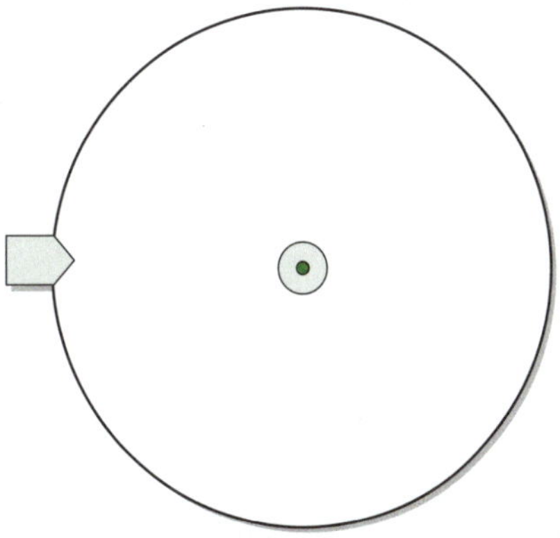

4 In einer Schule wurden Schülerinnen und Schüler nach der Anzahl der Kinder in ihrer Familie gefragt. Die Tabelle zeigt das Ergebnis der Umfrage.
Ein zufällig ausgewählter Schüler wird gefragt, wie viele Kinder in seiner Familie leben.
Bestimme die Wahrscheinlichkeit dafür, dass in seiner Familie

Anzahl der Kinder	absolute Häufigkeit
1	248
2	188
3	44
4	12
5	8
Summe	

a) ein Kind lebt: ______

b) zwei Kinder leben: ______

c) drei Kinder leben: ______

d) mehr als ein Kind lebt: ______

e) mehr als zwei Kinder leben: ______

f) weniger als vier Kinder leben: ______

Gleichnamige Brüche addieren und subtrahieren

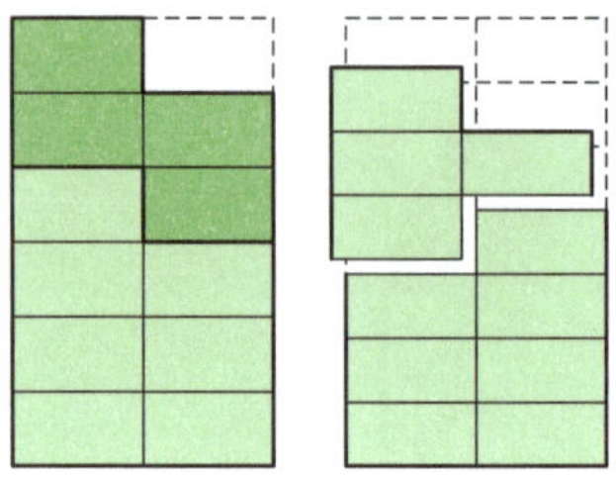

$\frac{7}{12}+\frac{4}{12}=\frac{11}{12}$ $\frac{11}{14}-\frac{4}{14}=\frac{7}{14}$

1 Welche Aufgabe ist hier dargestellt? Bestimme auch das Ergebnis.

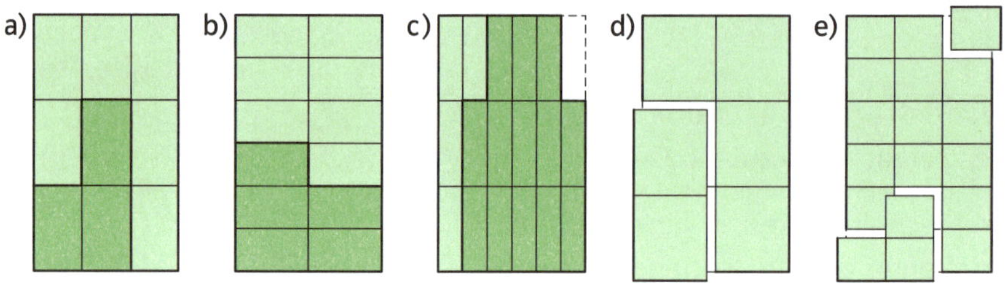

2 Berechne und kürze das Ergebnis soweit wie möglich.

a) $\frac{1}{14}+\frac{5}{14}=$ ____ b) $\frac{10}{21}+\frac{5}{21}=$ ____ c) $\frac{5}{18}+\frac{5}{18}=$ ____ d) $\frac{13}{27}+\frac{11}{27}=$ ____ e) $\frac{13}{22}+\frac{7}{22}=$ ____

$\frac{13}{14}-\frac{9}{14}=$ ____ $\frac{17}{35}-\frac{12}{35}=$ ____ $\frac{20}{90}+\frac{60}{90}=$ ____ $\frac{55}{81}-\frac{7}{81}=$ ____ $\frac{17}{44}-\frac{9}{44}=$ ____

3 Berechne. Kürze, wenn möglich, das Ergebnis.

a) $\frac{7}{18}+\frac{5}{18}+\frac{3}{18}=$ ____ b) $\frac{3}{9}+\frac{4}{9}-\frac{2}{9}=$ ____ c) $\frac{9}{21}+\frac{4}{21}+\frac{1}{21}=$ ____ d) $\frac{8}{13}-\frac{5}{13}+\frac{10}{13}=$ ____

$\frac{2}{5}+\frac{1}{5}+\frac{2}{5}=$ ____ $\frac{4}{35}+\frac{11}{35}+\frac{7}{35}=$ ____ $\frac{27}{45}-\frac{19}{45}-\frac{4}{45}=$ ____ $\frac{7}{11}+\frac{3}{11}-\frac{8}{11}=$ ____

4 Verwandle das Ergebnis in eine gemischte Zahl.

a) $\frac{10}{11}+\frac{5}{11}=$ ____ b) $\frac{11}{10}+\frac{12}{10}=$ ____ c) $\frac{14}{12}+\frac{11}{12}=$ ____ d) $\frac{41}{10}-\frac{12}{10}=$ ____ e) $\frac{73}{30}-\frac{14}{30}=$ ____

$\frac{4}{5}+\frac{3}{5}=$ ____ $\frac{6}{8}+\frac{5}{8}=$ ____ $\frac{35}{20}+\frac{26}{20}=$ ____ $\frac{35}{8}-\frac{18}{8}=$ ____ $\frac{83}{7}-\frac{33}{7}=$ ____

5 Wie heißt die dargestellte Aufgabe? Schreibe sie auf und berechne das Ergebnis.

a)

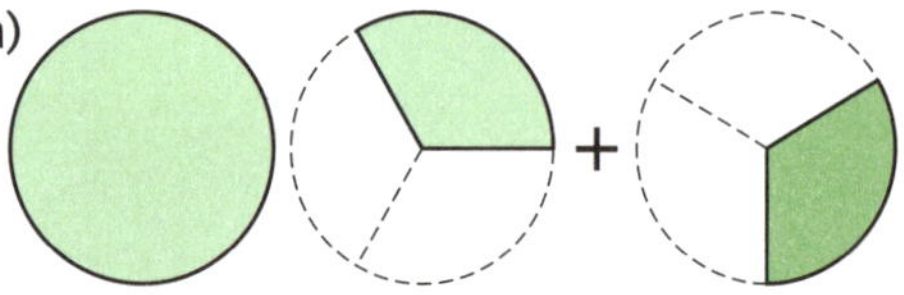

____

b)

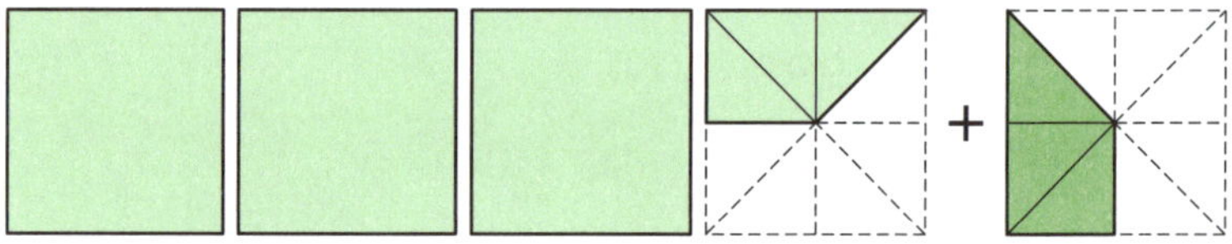

____

6 Rechne wie im Beispiel.

$5\frac{6}{9}+2\frac{5}{9}$
$=7\frac{11}{9}$
$=8\frac{2}{9}$

a) $2\frac{3}{4}+6\frac{2}{4}=$ ____ b) $2\frac{3}{4}+4\frac{2}{4}=$ ____ c) $6\frac{4}{7}+2\frac{3}{7}=$ ____

$1\frac{7}{8}+2\frac{4}{8}=$ ____ $5\frac{6}{10}+4\frac{7}{10}=$ ____ $4\frac{8}{15}+3\frac{11}{15}=$ ____

$3\frac{3}{5}+3\frac{2}{5}=$ ____ $2\frac{3}{6}+1\frac{4}{6}=$ ____ $1\frac{8}{9}+4\frac{8}{9}=$ ____

7 Berechne. Kürze das Ergebnis, wenn es möglich ist.

$7\frac{3}{8}-\frac{6}{8}$
$=6\frac{11}{8}-\frac{6}{8}$
$=6\frac{5}{8}$

a) $6-\frac{2}{5}=$ ____ b) $7\frac{1}{6}-\frac{5}{6}=$ ____ c) $9\frac{8}{27}-\frac{11}{27}=$ ____

$9-\frac{8}{9}=$ ____ $8\frac{1}{20}-\frac{15}{20}=$ ____ $6\frac{5}{20}-\frac{11}{20}=$ ____

$3-\frac{9}{10}=$ ____ $5\frac{1}{12}-\frac{7}{12}=$ ____ $7\frac{1}{3}-\frac{2}{3}=$ ____

Ungleichnamige Brüche addieren und subtrahieren

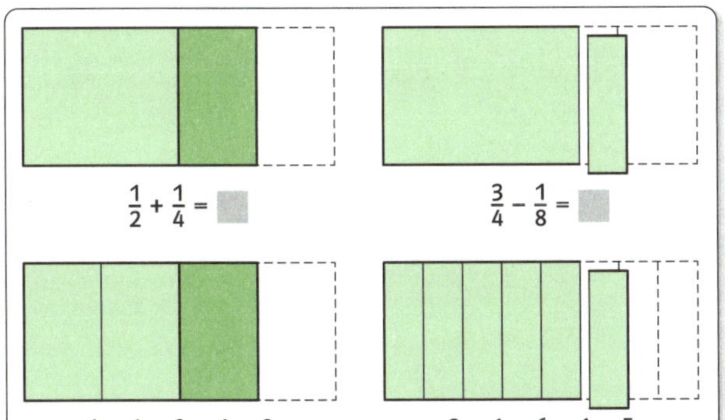

$\frac{1}{2} + \frac{1}{4} = \square$ $\qquad$ $\frac{3}{4} - \frac{1}{8} = \square$

$\frac{1}{2} + \frac{1}{4} = \frac{2}{4} + \frac{1}{4} = \frac{3}{4}$ $\qquad$ $\frac{3}{4} - \frac{1}{8} = \frac{6}{8} - \frac{1}{8} = \frac{5}{8}$

1 Welche Aufgabe ist hier dargestellt? Bestimme auch das Ergebnis.

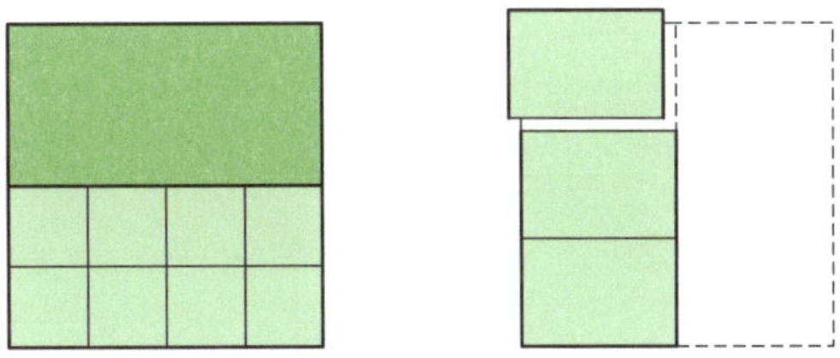

__________ $\qquad$ __________

__________ $\qquad$ __________

2 Berechne.

a) $\frac{4}{5} + \frac{3}{20} =$ ______ $\quad$ $\frac{1}{8} + \frac{3}{4} =$ ______ $\quad$ $\frac{1}{7} + \frac{9}{14} =$ ______

b) $\frac{13}{30} + \frac{1}{5} =$ ______ $\quad$ $\frac{8}{40} + \frac{1}{8} =$ ______ $\quad$ $\frac{2}{5} + \frac{13}{50} =$ ______

c) $\frac{11}{12} - \frac{2}{6} =$ ______ $\quad$ $\frac{5}{6} - \frac{4}{18} =$ ______ $\quad$ $\frac{23}{24} - \frac{1}{6} =$ ______

d) $\frac{11}{14} - \frac{3}{7} =$ ______ $\quad$ $\frac{13}{20} - \frac{3}{10} =$ ______ $\quad$ $\frac{4}{5} - \frac{9}{25} =$ ______

3 Kürze das Ergebnis, wenn möglich.

a) $\frac{1}{4} + \frac{1}{12} =$ ______ $\quad$ $\frac{7}{40} + \frac{1}{8} =$ ______ $\quad$ $\frac{3}{15} + \frac{1}{5} =$ ______

b) $\frac{29}{30} - \frac{7}{15} =$ ______ $\quad$ $\frac{47}{50} - \frac{11}{25} =$ ______ $\quad$ $\frac{3}{4} - \frac{11}{16} =$ ______

c) $\frac{3}{7} + \frac{2}{14} =$ ______ $\quad$ $\frac{1}{24} + \frac{5}{6} =$ ______ $\quad$ $\frac{3}{8} + \frac{1}{2} =$ ______

d) $\frac{3}{4} - \frac{1}{12} =$ ______ $\quad$ $\frac{15}{20} - \frac{3}{5} =$ ______ $\quad$ $\frac{5}{18} - \frac{1}{6} =$ ______

4 Leonie und Emily addieren an der Tafel jeweils die Brüche $\frac{1}{8}$ und $\frac{1}{12}$.
Vergleiche die beiden Lösungswege miteinander.
Was stellst du fest?

Antwort: ____________________

____

____

5 Berechne.

a) $\frac{5}{6} + \frac{1}{15} =$ ______ $\quad$ $\frac{1}{10} + \frac{5}{6} =$ ______ $\quad$ $\frac{7}{20} + \frac{3}{8} =$ ______

b) $\frac{1}{8} + \frac{1}{10} =$ ______ $\quad$ $\frac{1}{9} + \frac{3}{12} =$ ______ $\quad$ $\frac{2}{6} + \frac{2}{7} =$ ______

c) $\frac{9}{10} - \frac{4}{15} =$ ______ $\quad$ $\frac{5}{6} - \frac{5}{8} =$ ______ $\quad$ $\frac{7}{8} - \frac{5}{12} =$ ______

d) $\frac{11}{12} - \frac{11}{18} =$ ______ $\quad$ $\frac{27}{30} - \frac{17}{20} =$ ______ $\quad$ $\frac{4}{15} - \frac{3}{25} =$ ______

Ungleichnamige Brüche addieren und subtrahieren

1 Ersetze in der Additionsaufgabe jeden Platzhalter durch ein Zahlenkärtchen.

Zahlenkärtchen: 1, 3, 4, 6, 7, 12

$\frac{\square}{\square} + \frac{\square}{\square} = \frac{\square}{\square}$

2 Fülle in der Tabelle die freien Felder so aus, dass sich in jeder Spalte und in jeder Zeile die Summe 1 ergibt.

$\frac{8}{15}$		
$\frac{1}{5}$	$\frac{1}{3}$	
	$\frac{3}{5}$	

3 Berechne und schreibe das Ergebnis als gemischte Zahl.

$\frac{7}{12} + \frac{11}{15}$
$= \frac{35}{60} + \frac{44}{60}$
$= \frac{79}{60} = 1\frac{19}{60}$

a) $\frac{4}{5} + \frac{5}{6} =$ ______
$\frac{7}{8} + \frac{5}{12} =$ ______
$\frac{3}{4} + \frac{5}{6} =$ ______

b) $\frac{22}{3} - \frac{1}{2} =$ ______
$\frac{15}{11} - \frac{1}{4} =$ ______
$\frac{11}{6} - \frac{5}{8} =$ ______

c) $\frac{5}{12} + \frac{3}{5} =$ ______
$\frac{7}{10} + \frac{8}{15} =$ ______
$\frac{7}{15} + \frac{5}{9} =$ ______

4 Berechne.

$2\frac{4}{5} + \frac{2}{3}$
$= 2\frac{12}{15} + \frac{10}{15}$
$= 2\frac{22}{15}$
$= 3\frac{7}{15}$

a) $6\frac{4}{5} + \frac{3}{8} =$ ______
$5\frac{5}{6} + \frac{3}{5} =$ ______
$8\frac{2}{3} + \frac{9}{10} =$ ______
$4\frac{6}{7} + \frac{3}{4} =$ ______

b) $7\frac{3}{8} + \frac{2}{3} =$ ______
$1\frac{2}{3} + \frac{4}{5} =$ ______
$6\frac{3}{5} + \frac{5}{8} =$ ______
$2\frac{3}{4} + \frac{7}{8} =$ ______

c) $9\frac{11}{12} + \frac{3}{5} =$ ______
$1\frac{1}{2} + \frac{12}{13} =$ ______
$5\frac{17}{20} + \frac{1}{3} =$ ______
$6\frac{11}{15} + \frac{5}{6} =$ ______

5 Berechne.

$6\frac{3}{10} - \frac{4}{5}$
$= 6\frac{3}{10} - \frac{8}{10}$
$= 5\frac{13}{10} - \frac{8}{10}$
$= 5\frac{5}{10} = 5\frac{1}{2}$

a) $3\frac{2}{5} - \frac{3}{4} =$ ______
$4\frac{1}{7} - \frac{1}{2} =$ ______
$6\frac{1}{3} - \frac{3}{8} =$ ______
$3\frac{1}{4} - \frac{2}{3} =$ ______

b) $8\frac{1}{5} - \frac{2}{3} =$ ______
$6\frac{1}{3} - \frac{1}{2} =$ ______
$5\frac{1}{5} - \frac{5}{8} =$ ______
$9\frac{3}{10} - \frac{2}{3} =$ ______

c) $10\frac{1}{6} - \frac{3}{8} =$ ______
$4\frac{1}{3} - \frac{5}{8} =$ ______
$9\frac{1}{12} - \frac{3}{5} =$ ______
$11\frac{2}{9} - \frac{3}{5} =$ ______

6 Bei richtiger Lösung erhältst du die Namen von drei großen Städten in Europa.

a) $3\frac{3}{4} + \frac{3}{4}$
$4\frac{6}{8} + \frac{1}{3}$
$5 - \frac{4}{10}$

b) $3\frac{1}{2} + 3\frac{1}{6}$
$6\frac{3}{5} - 2\frac{3}{10}$
$4\frac{7}{12} + \frac{3}{4}$

c) $7\frac{1}{2} - \frac{5}{6}$
$2\frac{2}{5} + 4\frac{1}{2}$
$3\frac{9}{12} + \frac{12}{16}$

d) $7\frac{1}{10} - \frac{2}{5}$
$3\frac{1}{5} + 2\frac{5}{8}$
$3\frac{1}{10} + 1\frac{1}{5}$

e) $1\frac{5}{8} + \frac{3}{4}$
$6\frac{13}{15} - \frac{1}{5}$
$9\frac{8}{9} - 5\frac{7}{18}$

Lösungskärtchen: $6\frac{2}{3}$ I; $5\frac{33}{40}$ P; $4\frac{3}{5}$ F; $5\frac{1}{12}$ O; $6\frac{7}{10}$ K; $2\frac{3}{8}$ R; $5\frac{1}{3}$ M; $6\frac{9}{10}$ N; $4\frac{3}{10}$ A; $4\frac{1}{2}$ S

Namen der Städte: ______ ______ ______

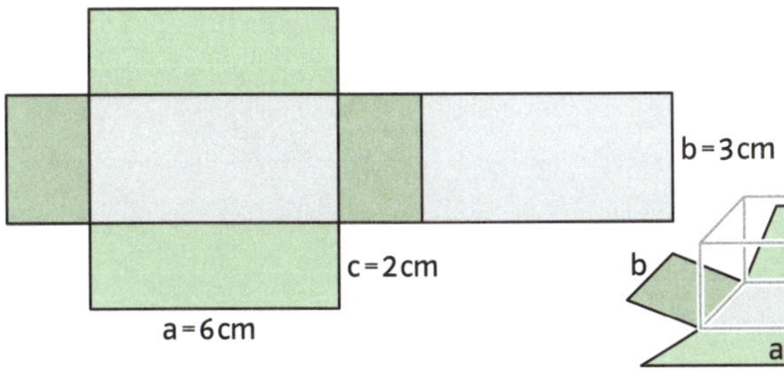

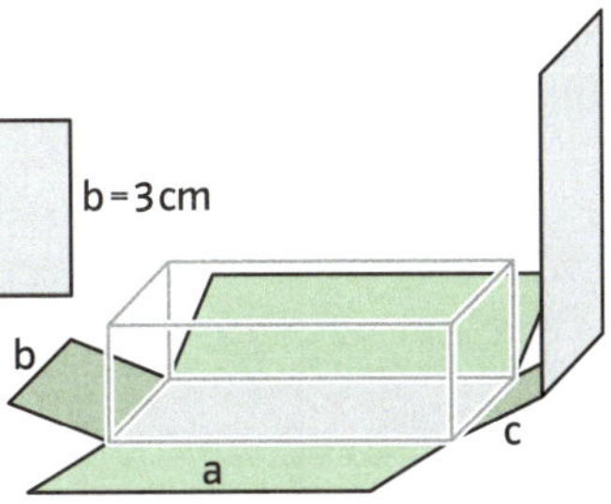

Oberflächeninhalt des Quaders

$O = 2 \cdot (6\text{ cm} \cdot 3\text{ cm} + 6\text{ cm} \cdot 2\text{ cm} + 2\text{ cm} \cdot 3\text{ cm})$

$O = 2 \cdot (18\text{ cm}^2 + 12\text{ cm}^2 + 6\text{ cm}^2)$

$O = 2 \cdot 36\text{ cm}^2$

$O = 72\text{ cm}^2$

1 Die Abbildung zeigt das Netz eines Quaders (Würfels). Berechne seinen Oberflächeninhalt.

a)

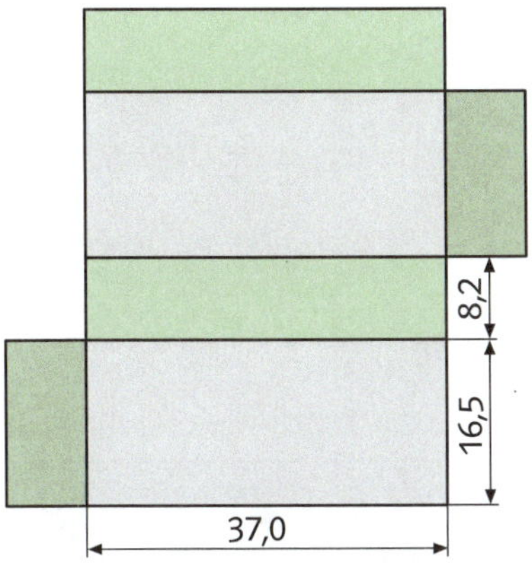

Maße in cm

b)

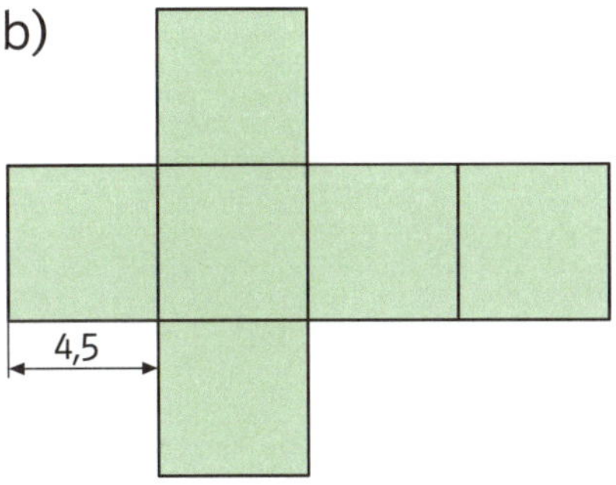

O = ____________________

O = ____________________

Rechnung:

c)

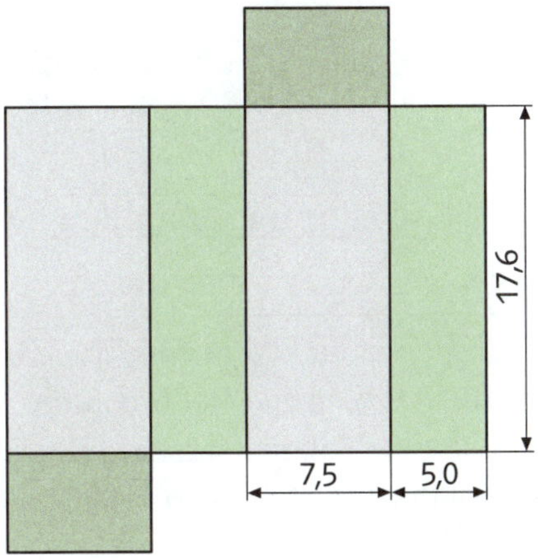

O = ____________________

d)

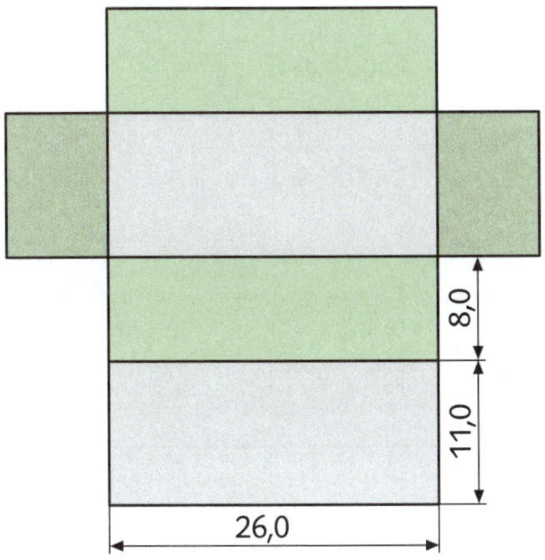

O = ____________________

Oberflächeninhalt von Quader und Würfel

2 Berechne den Oberflächeninhalt des Quaders. Zeichne dazu zunächst ein Netz des Quaders.

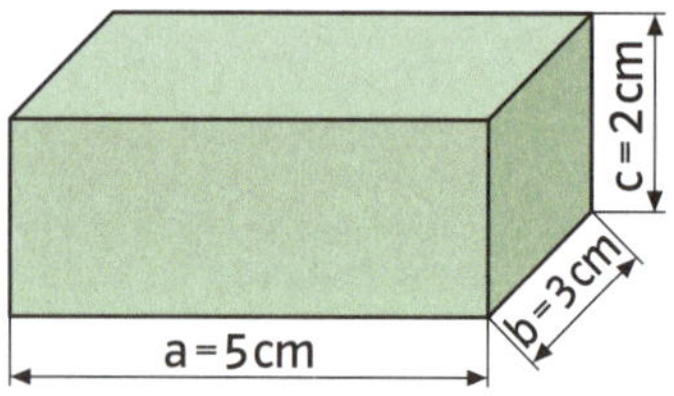

Rechnung:

Netz:

3 Berechne den Oberflächeninhalt des Quaders (Würfels).

a)

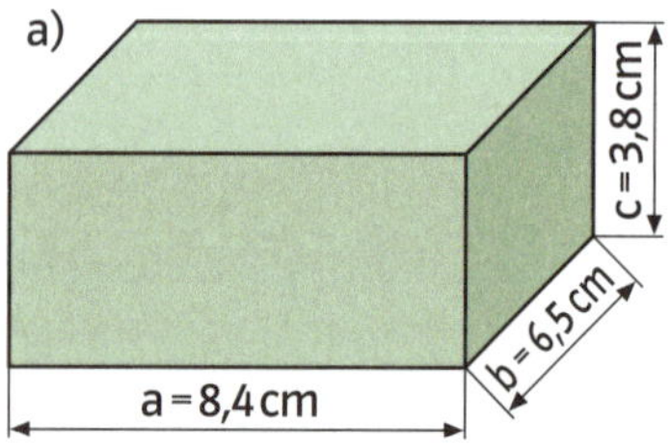

O = ____________________

b)

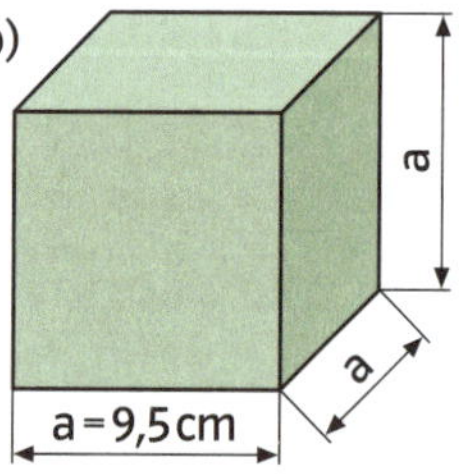

O = ____________________

c)

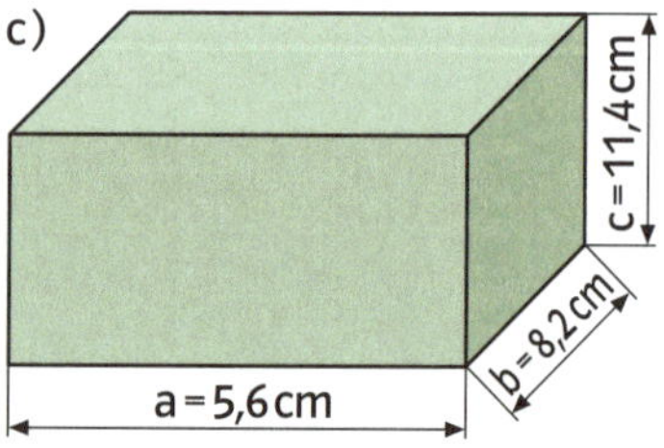

O = ____________________

4 In einer Ziegelei werden die Steine zu Quadern aufgeschichtet und anschließend in eine Folie eingeschweißt. Ein Stapel ist 1 m lang, 90 cm breit und 1,40 m hoch.

Frage: ____________________

Rechnung:

Antwort: ____________________

5 Wie verändert sich die Oberfläche eines Würfels mit 10 cm Kantenlänge, wenn die Kantenlänge a) verdoppelt, b) verdreifacht wird?

Antwort: ____________________

Rauminhalte vergleichen

1 a) Wie viele Würfel passen in jede Schachtel?

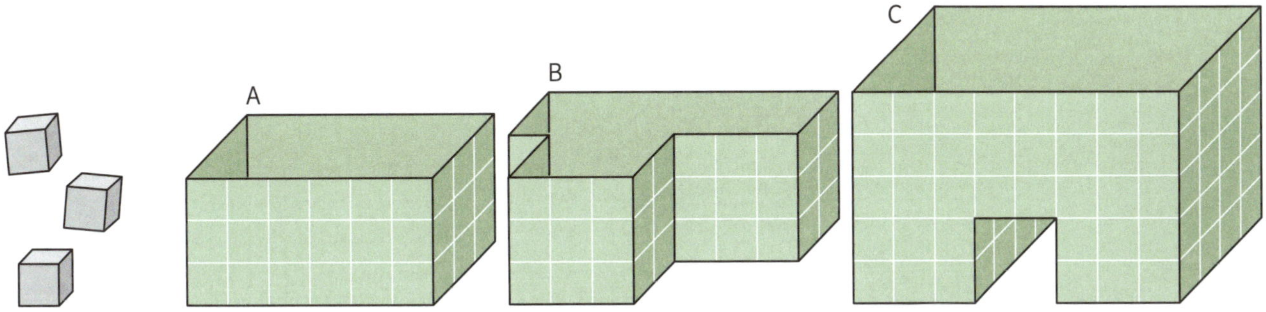

Schachtel A: ______________ Schachtel B: ______________ Schachtel C: ______________

b) Welche Schachtel besitzt den größten, welche den kleinsten Rauminhalt?

Antwort: ____

2 Wie viele Quader lassen sich aus 10 (19) Würfeln mit 1 cm Kantenlänge aufbauen? Gib für jede Möglichkeit die Kantenlängen des Quaders an.

Antwort: ____

3 a) Die abgebildeten Quader sind jeweils aus 48 Würfeln mit der Kantenlänge 1 cm aufgebaut. Gib für jeden Quader die Kantenlängen an.

Quader A: ______________________

Quader B: ______________________

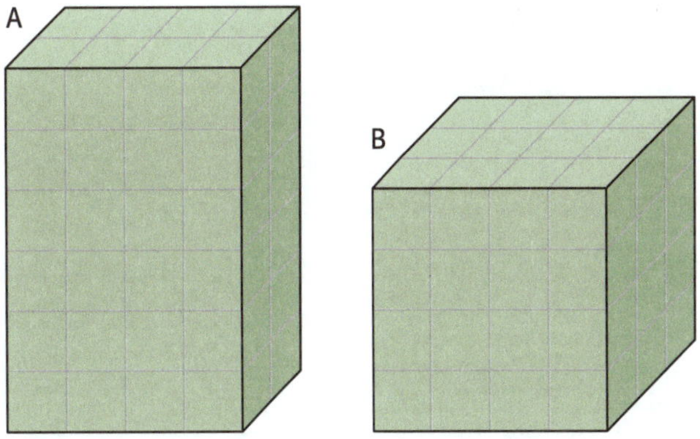

b) Aus den 48 Würfeln lassen sich sieben weitere Quader unterschiedlicher Form zusammensetzen. Gib für jeden Quader die Kantenlängen in Zentimeter an. Fülle die Tabelle aus.

Länge							
Breite							
Höhe							

4

Welche Maße muss eine Schachtel mindestens haben, damit alle 12 Spielsteine hineinpassen? Notiere Länge, Breite und Höhe der Schachtel. Es gibt mehrere Möglichkeiten.

Antwort: ____

Raumeinheiten umwandeln

1 In welcher Einheit würdest du hier den Rauminhalt angeben?

Mülltonne

______

Stecknadel

______

Wassertropfen

______

Kochtopf

______

See

______

2

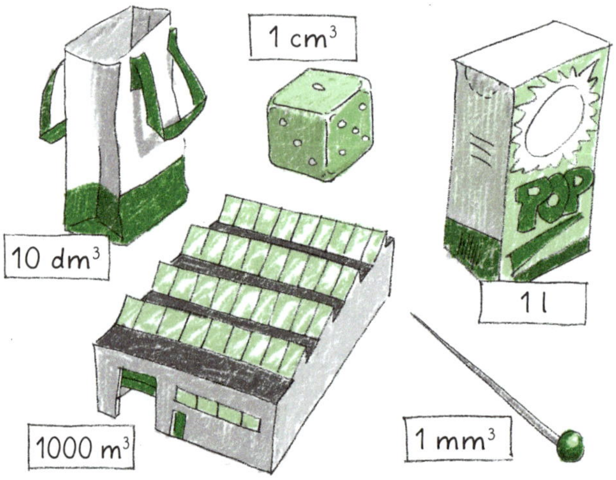

a) Wie viele Fruchtsafttüten passen in die Tasche?

Antwort: ______________________

b) Wie viele Fruchtsafttüten passen in die Lagerhalle?

Antwort: ______________________

c) Wie viele Würfel passen in die Tasche?

Antwort: ______________________

d) Wie viele Stecknadelköpfe passen in die Lagerhalle?

Antwort: ______________________

3 Notiere jeweils zwei Größen, die denselben Rauminhalt bezeichnen.

Raumeinheiten
$1\ m^3 = 1000\ dm^3$
$1\ dm^3 = 1000\ cm^3$
$1\ cm^3 = 1000\ mm^3$

$1\ dm^3 = 1$ Liter
$1\ l = 1000$ ml

25 m³ 0,025 m³ 250 cm³ 250 l 0,250 l 2,5 dm³

0,250 cm³ 2,5 m³ 2500 l 25 dm³ 25 000 mm³

2,5 l 25 000 dm³ 25 dm³ 0,250 dm³ 250 dm³ 250 ml

2500 cm³ 250 mm³ 2500 dm³ 2,5 m³ 25 000 cm³ 25 cm³ 2500 ml

______ = ______ ______ = ______ ______ = ______ ______ = ______

______ = ______ ______ = ______ ______ = ______ ______ = ______

______ = ______ ______ = ______ ______ = ______ ______ = ______

4 Ein Bundesbürger verbraucht etwa 120 *l* Wasser am Tag. Wie viel Kubikmeter Wasser verbrauchen 80 Millionen Bundesbürger im Jahr?

Antwort: ______________________

____

Rechnung:

1 Berechne das Volumen des Körpers.

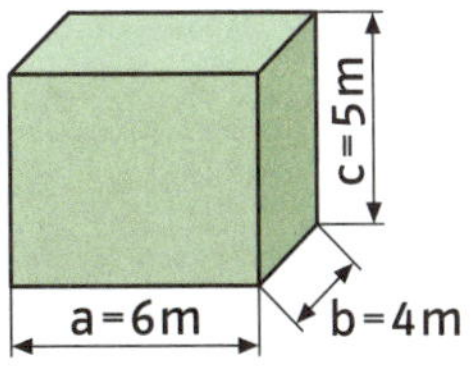

Volumen eines Quaders

$V = a \cdot b \cdot c$

$V = 6\ m \cdot 4\ m \cdot 5\ m$

$V = 120\ m^3$

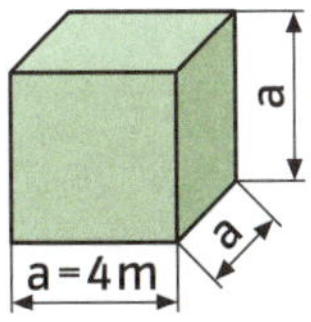

Volumen eines Würfels

$V = a \cdot a \cdot a$

$V = 4\ m \cdot 4\ m \cdot 4\ m$

$V = 64\ m^3$

a)

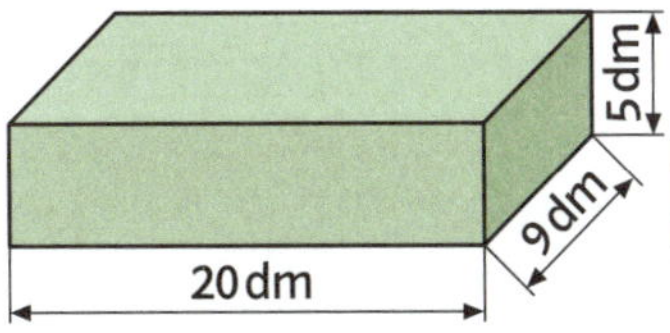

b)

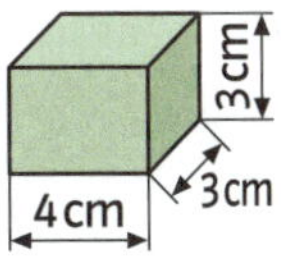

c)

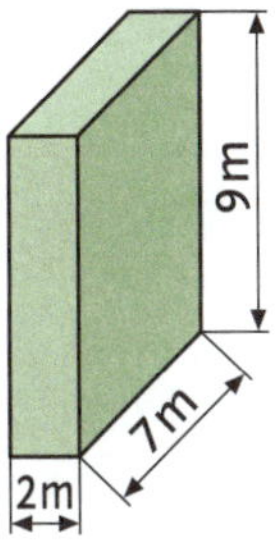

V = ________ V = ________ V = ________

d)

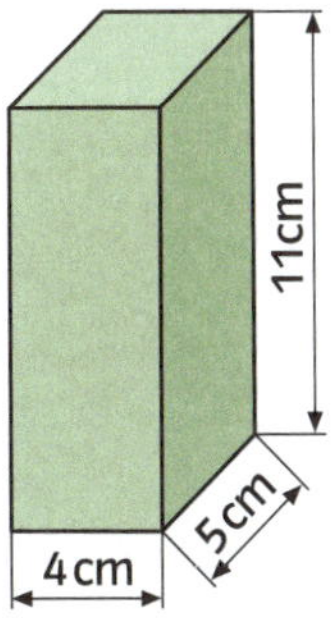

V = ________

e)

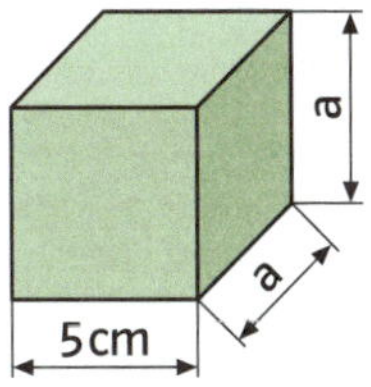

V = ________

Rechnung:

2 a) Eine Turnhalle ist 24 m breit, 48 m lang und 7 m hoch. Wie viel Kubikmeter Luft fasst die Halle?

b) Ein quaderförmiges Schwimmbecken ist 8,5 m lang und 4,2 m breit. Die Wassertiefe soll 1,8 m betragen. Wie viel Liter Wasser müssen eingefüllt werden?

Antwort: ________________________________

---

3 Berechne das Volumen des Körpers.

a)

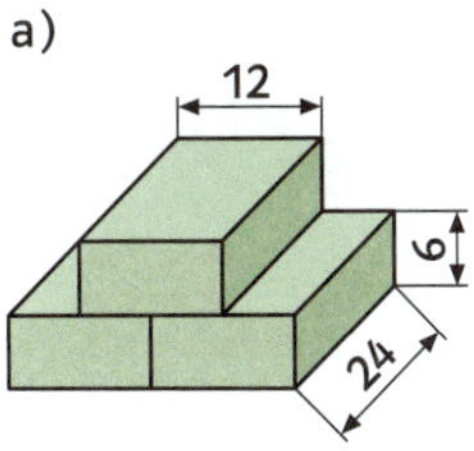

V = ________

b)

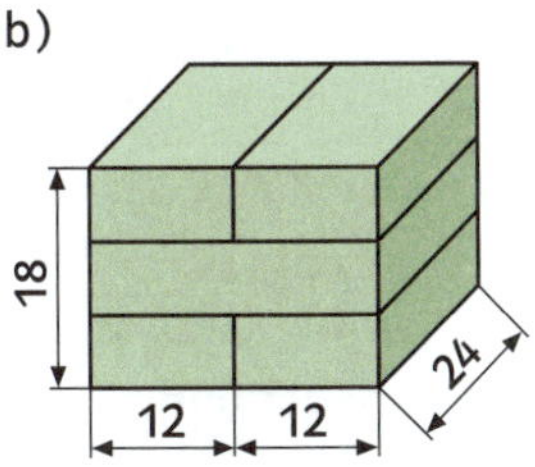

Maße in cm

c)

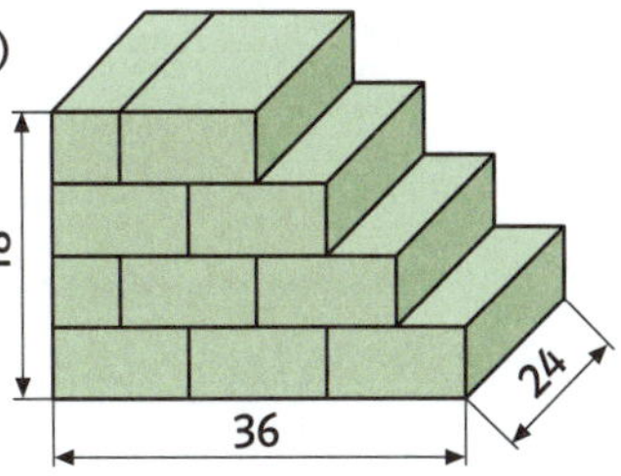

V = ________ V = ________

Rechnung:

Volumen von Quader und Würfel

4 Niklas will ein quaderförmiges Aquarium kaufen, das mindestens 250 *l* Wasser fassen kann. Sollte er das abgebildete Aquarium kaufen?

Rechnung:

Antwort: ____________________

____

5 Lena besitzt ein Aquarium mit folgenden Innenmaßen: Länge 80 cm, Breite 40 cm, Höhe 60 cm.

a) Zeichne ein Schrägbild des Aquariums. Wähle dafür einen sinnvollen Maßstab. Die Stärke der Glasscheiben soll nicht berücksichtigt werden.

b) Lena hat das Becken bereits zu drei Viertel gefüllt. Wie viel Liter Wasser sind in dem Aquarium vorhanden?

c) Um wie viel Zentimeter steigt der Wasserspiegel, wenn Lena 16 *l* Wasser einfüllt?

Schrägbild:

Rechnung:

Antwort: ____________________

____

6 Ein Schwimmbad hat die in der Zeichnung abgebildeten Innenmaße. Es soll vollständig mit Wasser gefüllt werden.

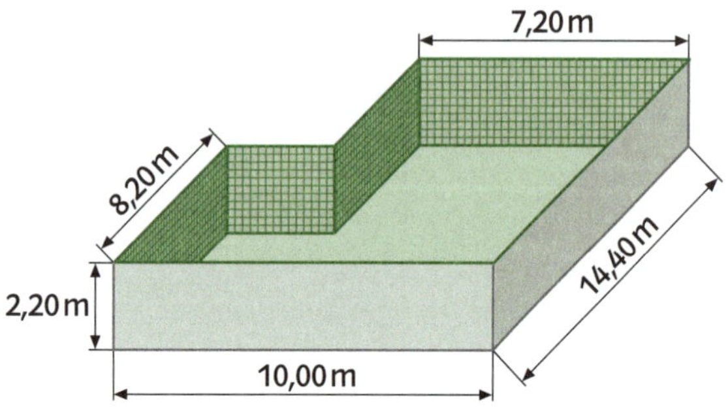

Frage: ____________________

Rechnung:

Antwort: ____________________

1 Johanna wohnt in Bad Salzuflen. Die Jugendabteilung ihres Sportvereins bietet für die Ferien eine Fahrradtour entlang der Weser an. Alle interessierten Vereinsmitglieder werden an der Planung der Tour beteiligt.
Die Fahrt soll an einem Sonntag am Bahnhof in Bad Salzuflen beginnen. Von dort aus wollen die Jugendlichen mit der Bahn nach Hannoversch Münden fahren. Die Räder können im Zug mitgenommen werden.
Sie wollen in den Jugendherbergen in Bad Karlshafen, Holzminden und Hameln übernachten. Von Porta Westfalica aus soll es dann wieder mit dem Zug nach Hause gehen. Johanna braucht zehn Minuten, um von zu Hause aus mit dem Fahrrad zum Bahnhof zu kommen.

Die Bahn		
Bad Salzuflen	Hann. Münden	Preis
ab: 11.40	an: 13.40	7,50 €

Die Bahn		
Porta Westfalica	Bad Salzuflen	Preis
ab: 17.07	an: 17.39	4,50 €

Formuliere drei Mathematikaufgaben, die im Zusammenhang mit der Vorbereitung der Fahrt gelöst werden müssen.

Notiere hier alle Informationen zu den Kosten:

Notiere hier alle Informationen zu Johannas Abfahrts- und Ankunftszeit:

Notiere hier alle Informationen zu den zurückzulegenden Strecken:

Versuche deine Mathematikaufgaben mit den hier gesammelten Informationen zu lösen.

1 In dem Werbespot einer Firma, die elektrische Rasierapparate herstellt, wird behauptet: Ein Mann rasiert in 18 Monaten eine Fläche, die so groß wie ein Fußballfeld ist. Kann diese Behauptung stimmen? Für eine Überschlagsrechnung benötigst du folgende Angaben:
Nach den Bestimmungen des Deutschen Fußball-Bundes muss ein Fußballfeld zwischen 90 m und 120 m lang und zwischen 45 m und 90 m breit sein. Die Bundesligaspielfelder sind 105 m lang und 68 m breit. Die Fläche, auf der bei einem Mann der Bart wächst, ist zwischen 220 cm^2 und 280 cm^2 groß. Diese Fläche wird beim Rasieren im Durchschnitt siebenmal überstrichen.

Berechne einen Wert für den Flächeninhalt des Fußballfeldes in cm^2.

Berechne einen Wert für den Flächeninhalt der Fläche, die ein Mann in 18 Monaten rasiert (in cm^2).

Vergleiche die berechneten Werte und beantworte die oben gestellte Frage.

2 Nimm an, dass alle Schülerinnen und Schüler, alle Lehrerinnen und Lehrer, die Sekretärinnen und Hausmeister deiner Schule sich in einer Schlange hintereinanderlegen. Wie lang wäre diese Schlange?

Rechnung:

Durchschnittliche Körpergröße (cm)

	Mädchen und Frauen	Jungen und Männer
10–12 Jahre	148	146
13–15 Jahre	164	166
16–18 Jahre	168	178
älter als 18 J.	169	180

Antwort:

3 Wie viele der abgebildeten Spielkarten benötigst du, um damit alle Wände deines Klassenzimmers zu tapezieren?

Flächeninhalt einer Spielkarte:

Flächeninhalt der Wandfläche im Klassenzimmer:

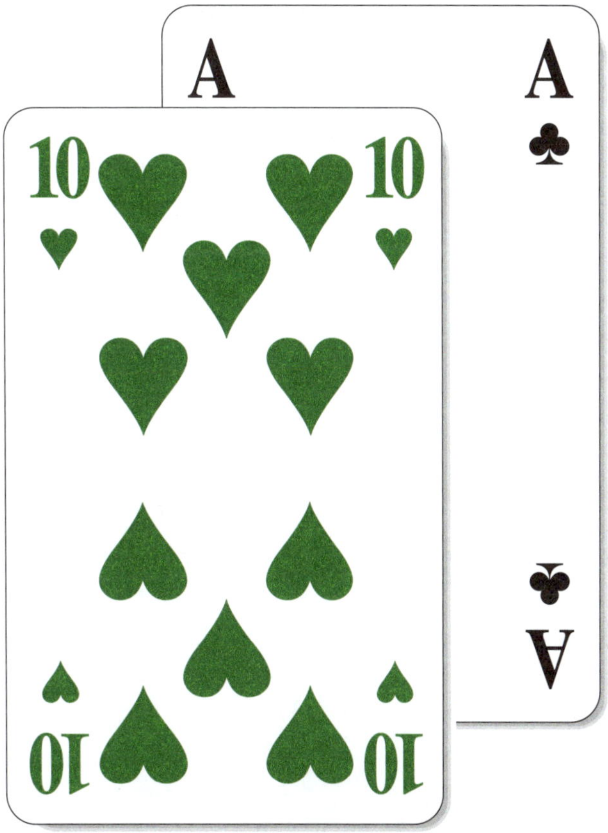

Originalgröße

Anzahl der benötigten Spielkarten:

4 In der Abbildung siehst du die Oberfläche eines Badesees im Maßstab 1:10 000. Ermittle anhand der Abbildung einen Wert für den Flächeninhalt. Der Badesee ist in der Mitte 12 m tief, am Rand 1 m. Wie viel Kubikmeter Wasser enthält der Badesee?

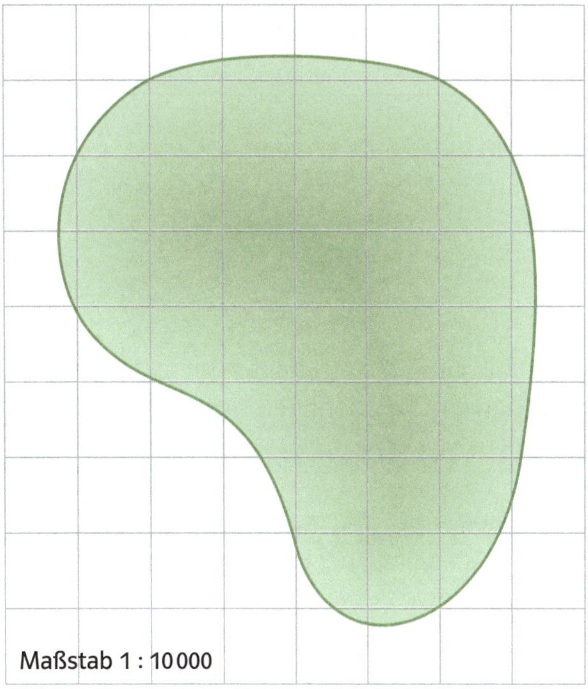

Sachprobleme durch Rückwärtsrechnen lösen

1 Marina kauft im Schulkiosk sechs Müsliriegel und eine Flasche Multivitaminsaft. Die Flasche Saft kostet 0,85 €. Marina bezahlt mit einem 5-Euro-Schein und erhält 2,05 € zurück. Wie viel Euro kostet ein Müsliriegel? Löse durch Rückwärtsrechnen.

Preis für einen Müsliriegel		Preis für sechs Müsliriegel		Preis für sechs Müsliriegel und die Flasche Saft		Gesamtbetrag mit Rückgeld
	$\cdot 6$ →		$+ 0{,}85$ →		$+ 2{,}05$ →	5,00
	← $: 6$		← $- 0{,}85$		← $- 2{,}05$	5,00

Antwort: ____________________

2 Marcel kauft eine Computerzeitschrift für 3,50 € und vier Batterien für seinen MP-3-Player. Er bezahlt mit einem 10-Euro-Schein und erhält 2,70 € zurück. Bestimme den Preis für eine Batterie durch Rückwärtsrechnen.

Preis für eine Batterie		Preis für vier Batterien		Preis für vier Batterien und die Zeitschrift		Gesamtbetrag mit Rückgeld
	←		←		←	

Antwort: ____________________

3 Löse durch Rückwärtsrechnen.

a) Nina möchte einen MP-3-Player für 85 € kaufen. Sie bekommt 20 € von ihren Großeltern und legt jeden Monat 5 € von ihrem Taschengeld zurück.

Frage: ____________________

Rechnung:

Antwort: ____________________

b) Der Tank eines Kleinwagens fasst 40 Liter Normalbenzin. Nachdem der Wagen eine Strecke von 450 km zurückgelegt hat, befinden sich noch 13 Liter Benzin im Tank.

Frage: ____________________

Rechnung:

Antwort: ____________________

Temperaturänderungen

1 Die Temperaturen in den Tabellen wurden an einem Januartag in einer Wetterstation in Mecklenburg-Vorpommern und einer Wetterstation im Taunus gemessen.

Wetterstation in Mecklenburg-Vorpommern

Zeit	0 h	2 h	4 h	6 h	8 h	10 h	12 h	14 h	16 h	18 h	20 h	22 h	24 h
Temp. (°C)	−4	−5	−6	−7	−8	−1	0	−2	−3	−5	−6	−7	−6

Wetterstation im Taunus

Zeit	0 h	2 h	4 h	6 h	8 h	10 h	12 h	14 h	16 h	18 h	20 h	22 h	24 h
Temp. (°C)	−1	−2	−3	−3	−3	−1	0	1	1	0	−1	−1,5	−2

a) Stelle die Temperaturen für beide Wetterstationen in dem Koordinatensystem dar.

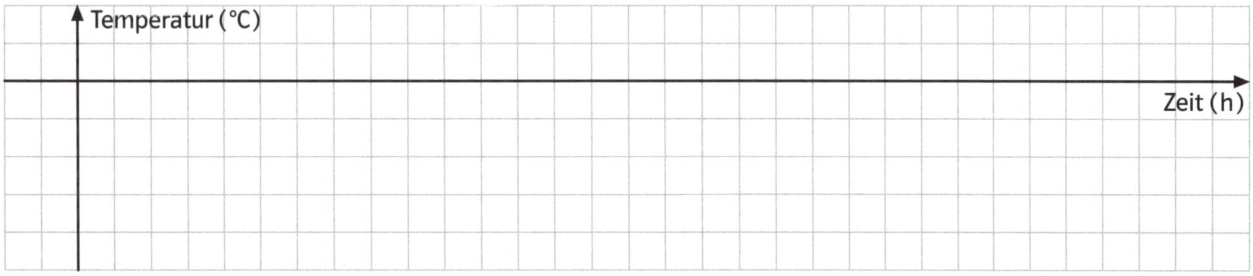

b) Zu welcher Zeit wird in Mecklenburg-Vorpommern (im Taunus) die höchste Temperatur erreicht, zu welcher Zeit wird die niedrigste Temperatur erreicht?

c) In welchen Zeitspannen steigt in Mecklenburg-Vorpommern (im Taunus) die Temperatur, in welchen Zeitspannen fällt sie?

2 Berechne die Endtemperatur.

Anfangstemperatur	Temperatur steigt um	Endtemperatur
0 °C	11° C	
+12 °C	14 °C	
−5 °C	3 °C	
−3 °C	8 °C	
−12 °C	9 °C	

Anfangstemperatur	Temperatur fällt um	Endtemperatur
+20 °C	13 °C	
0 °C	15 °C	
+4 °C	8 °C	
+7 °C	11 °C	
−11° C	3 °C	

3 Wie hat sich die Temperatur verändert?

Anfangstemperatur	Endtemperatur	Temperaturänderung
+13 °C	+8 °C	fällt um 5 °C
+12 °C	+21 °C	steigt um 9 °C
+17 °C	+4 °C	
+5 °C	−3 °C	
+8 °C	−3 °C	
+1 °C	−9 °C	

Anfangstemperatur	Endtemperatur	Temperaturänderung
−12 °C	−8°C	
−3 °C	−12 °C	
−7 °C	+3 °C	
−15 °C	−8 °C	
−1°C	−13 °C	
−11 °C	−9 °C	

Muster

1 Setze das Muster fort.

a)

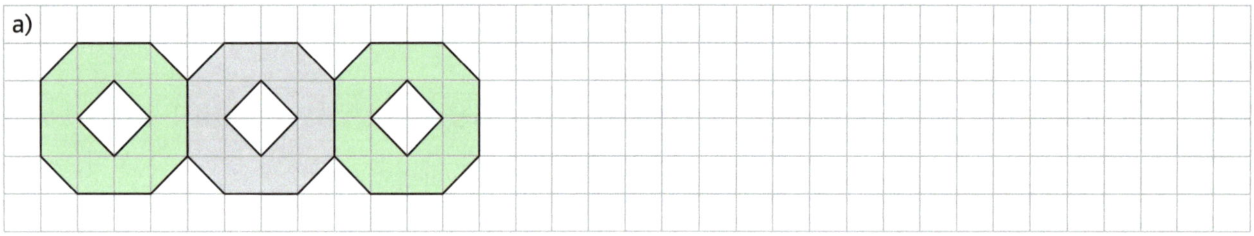

b)

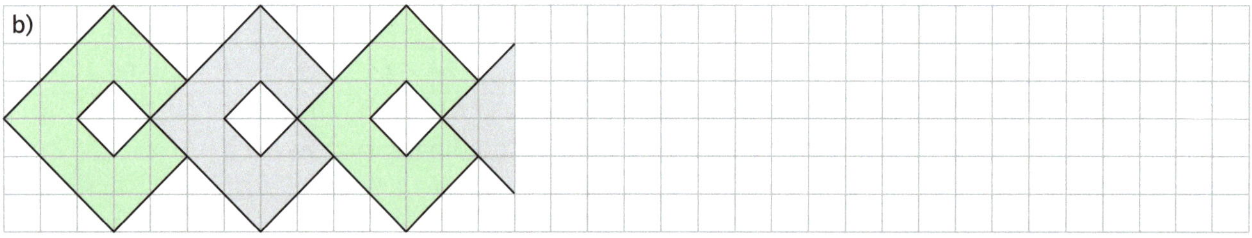

c)

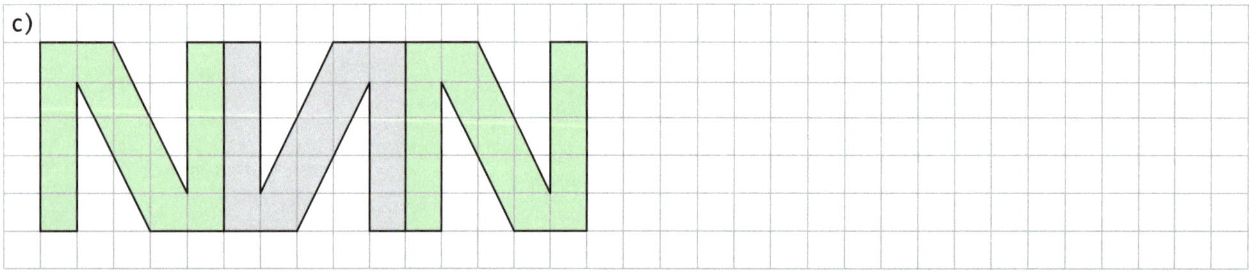

2 Setze das Muster fort und gestalte es farbig.

a)

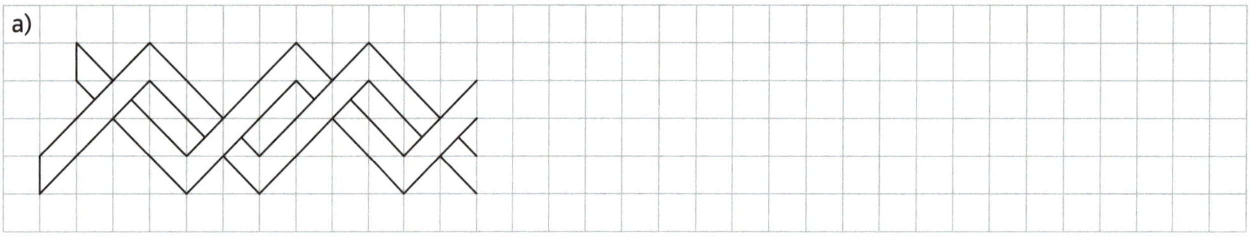

b)

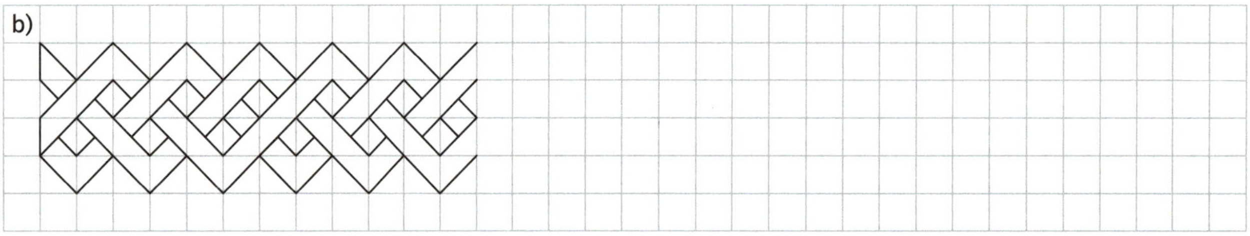

c)

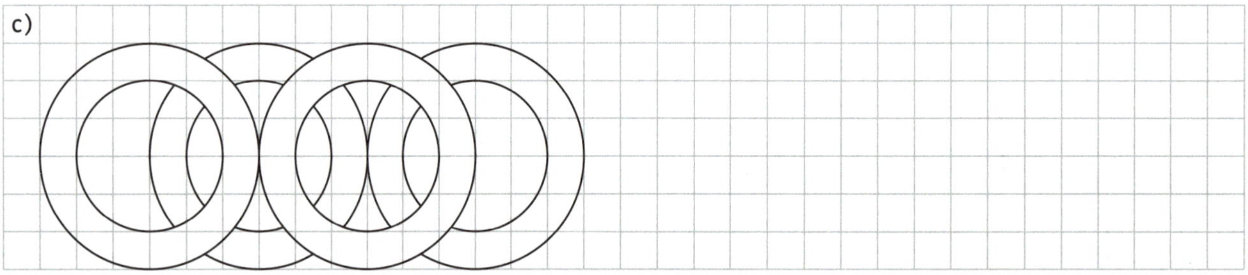

1 Verschiebe die Figur mit dem eingetragenen Verschiebungspfeil. Benenne die Bildpunkte.

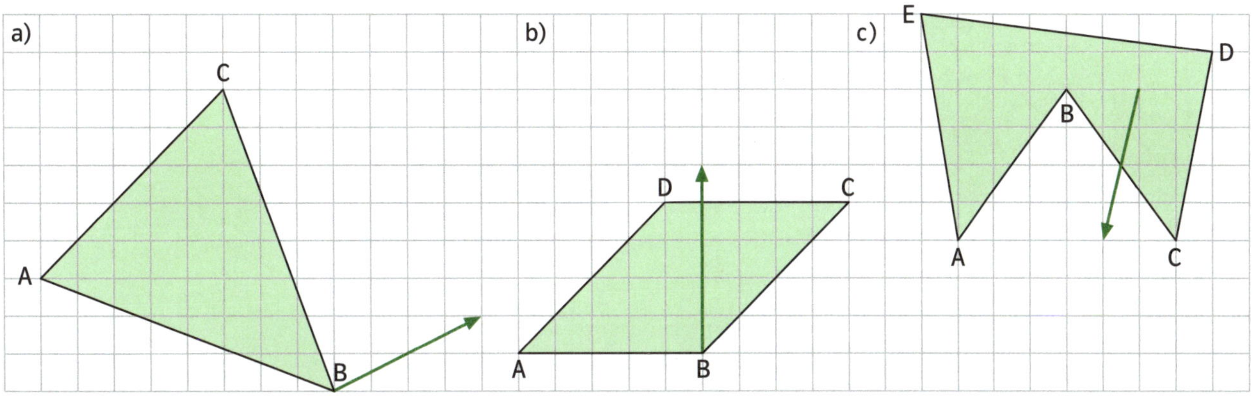

2 Die abgebildete Verschiebung ist fehlerhaft. Markiere den Fehler.

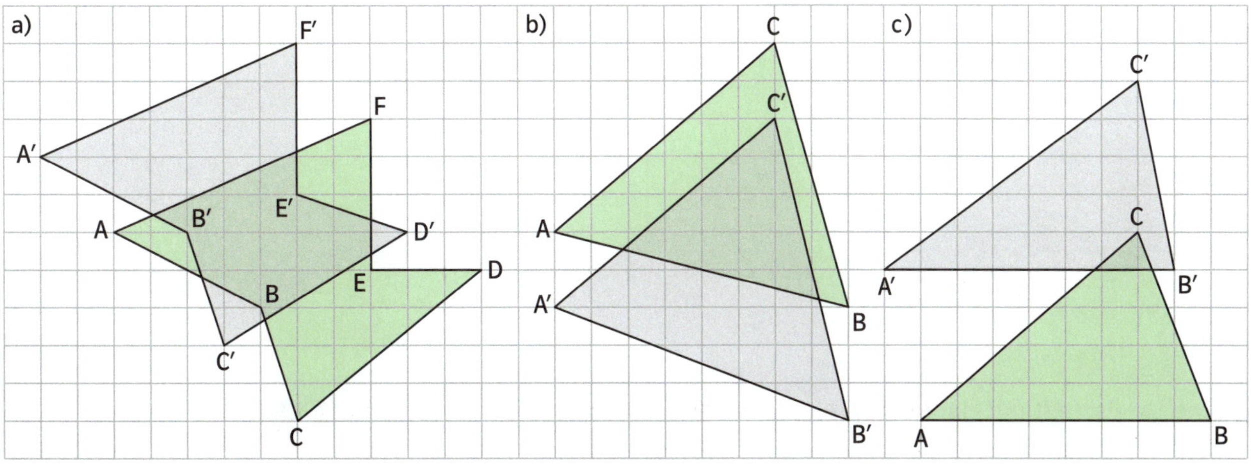

3 Verschiebe die Figur mit dem angegebenen Verschiebungspfeil.

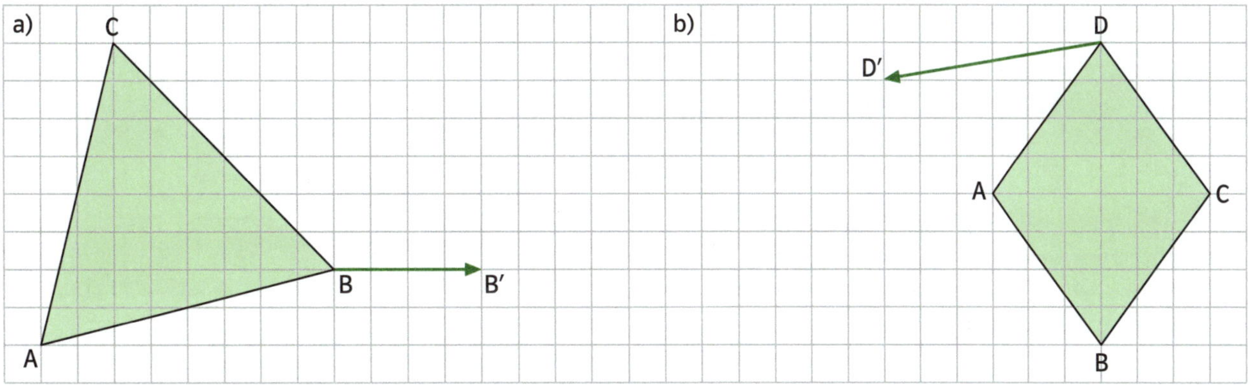

4 Setze das Muster fort.

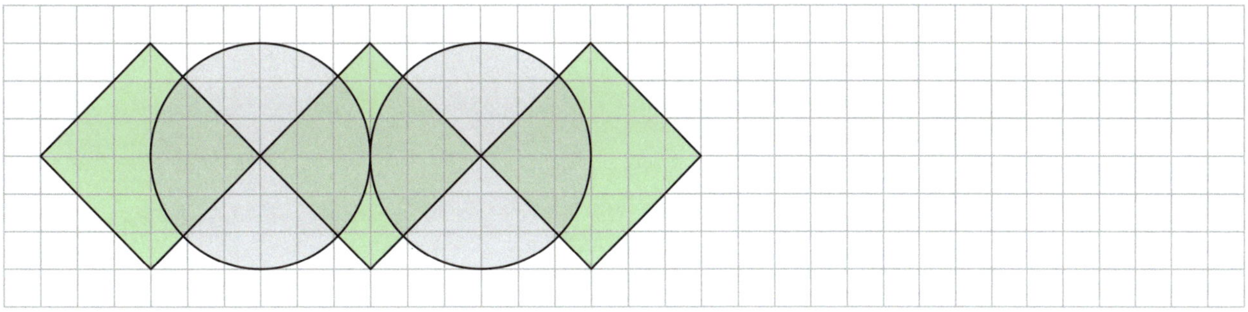

1 Spiegele die Figur an der Spiegelachse s.

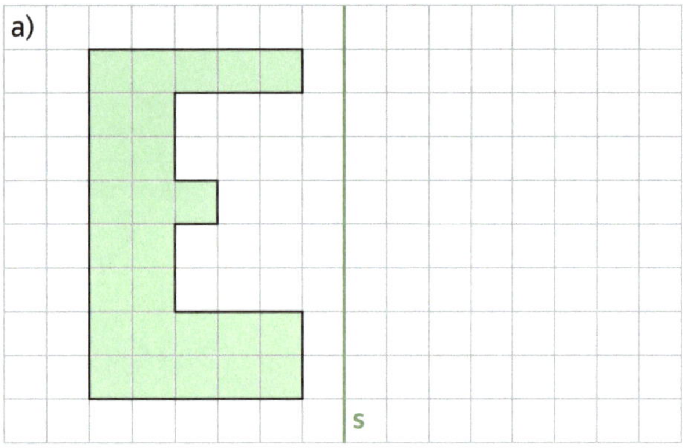

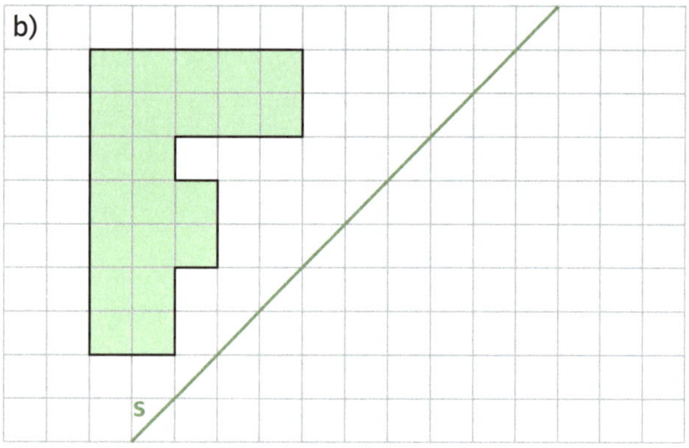

2 Spiegele die Figur an der Spiegelachse s. Benenne die Bildpunkte mit A′B′C′D′.

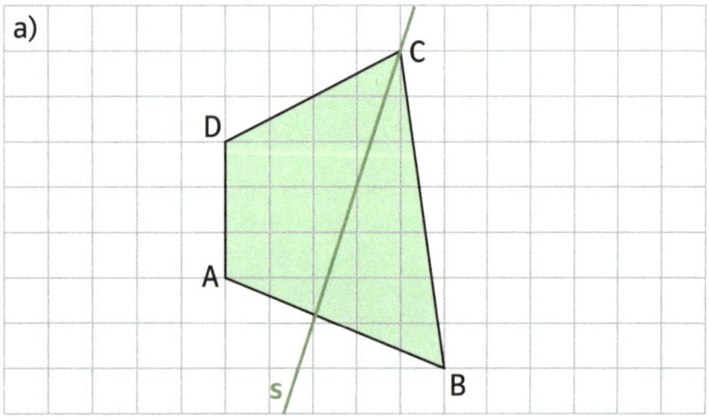

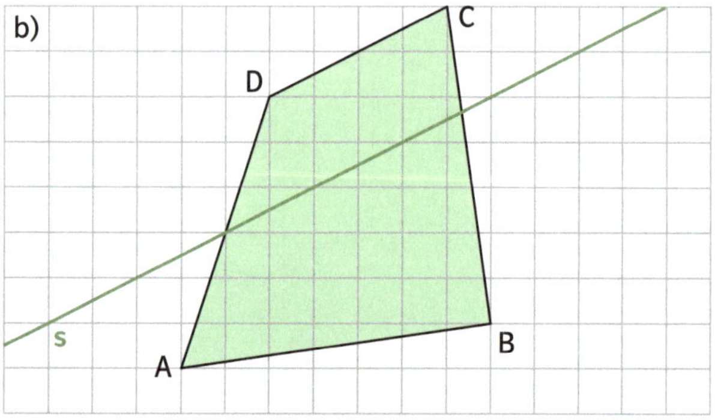

3 Eine Landschaft mit Häusern spiegelt sich in einem See. Zeichne das Spiegelbild.

4 Spiegele die Figur an der Spiegelachse s. Benenne die Bildpunkte mit A′B′C′D′.

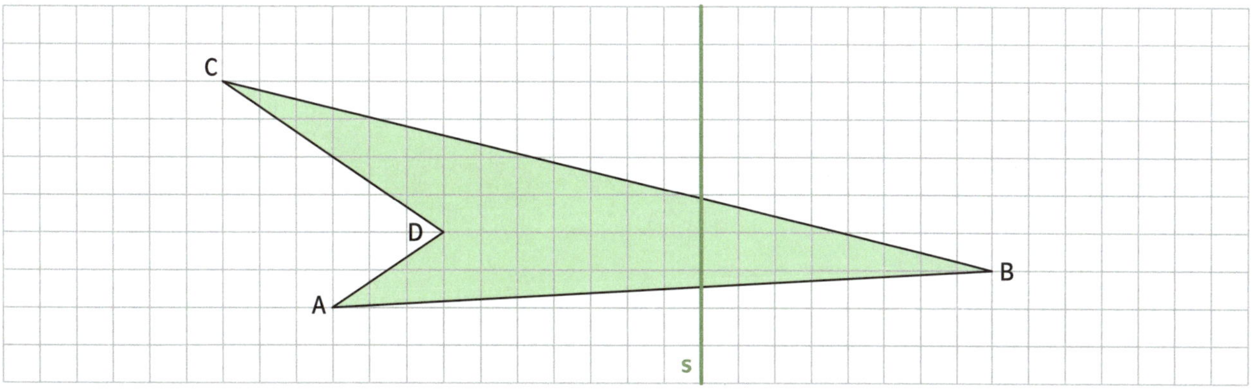

5 Spiegele die Figur an der Spiegelachse s.

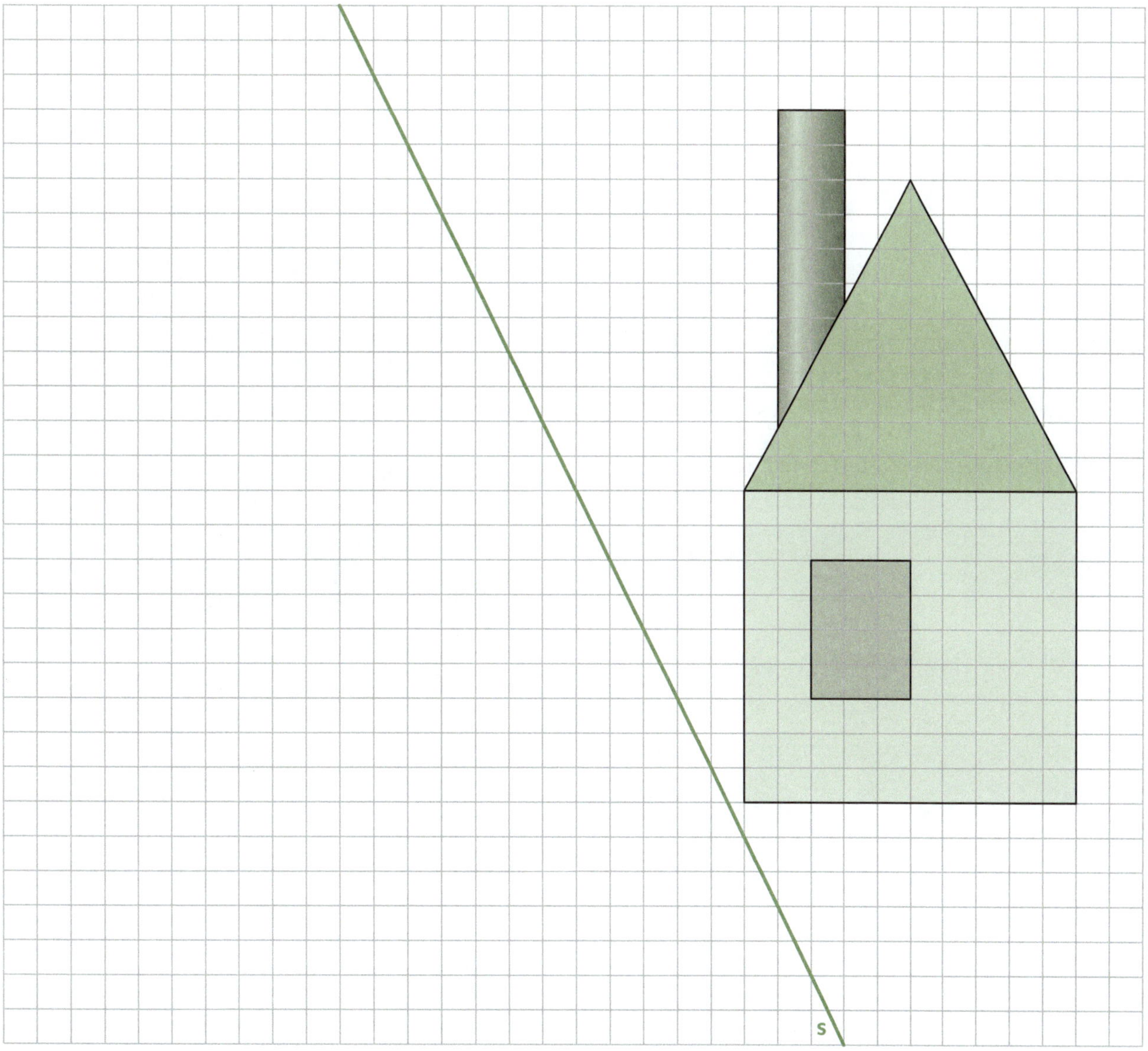

1 Drehe die Figur um 90° um Punkt Z.

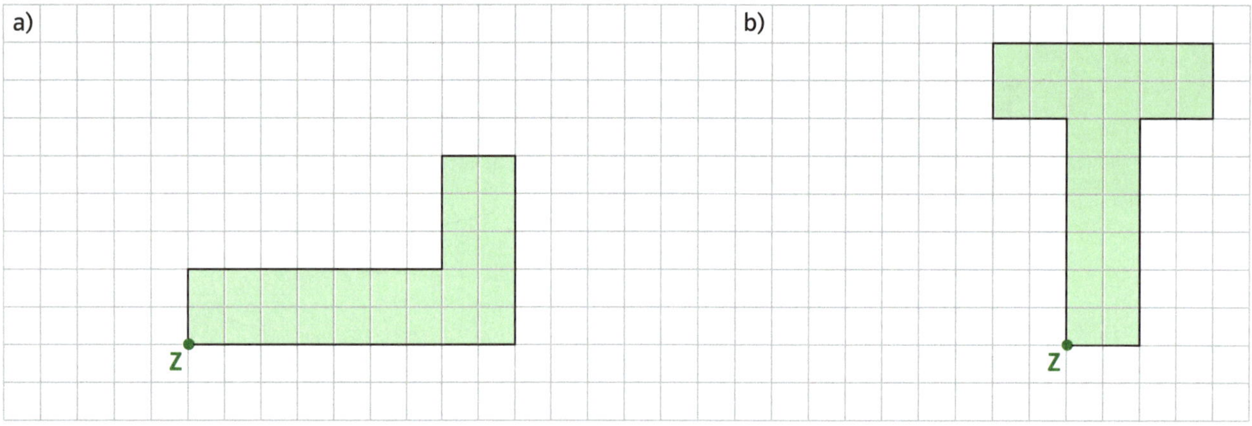

2 Drehe die Figur um 180° um Punkt Z.

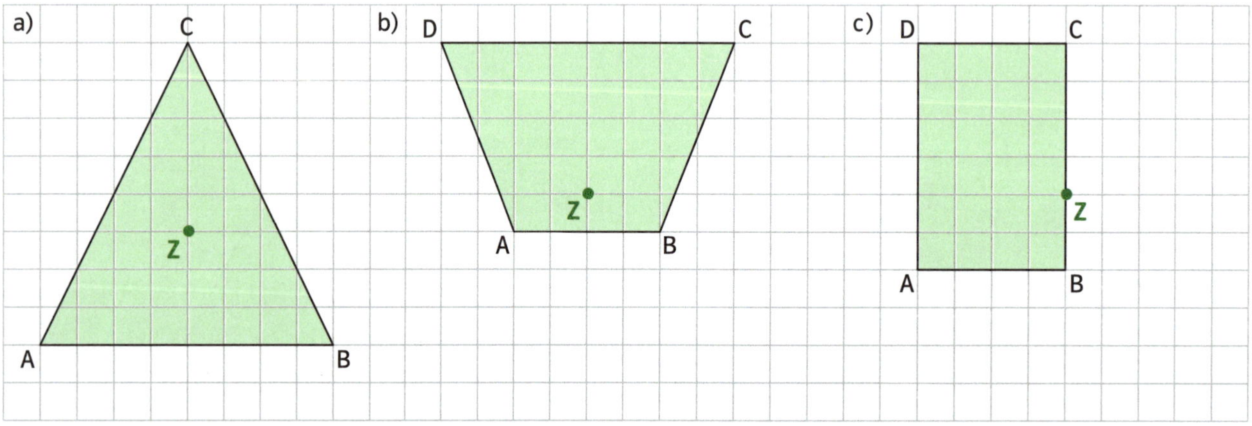

3 Drehe die Figur um 90° um Punkt Z.

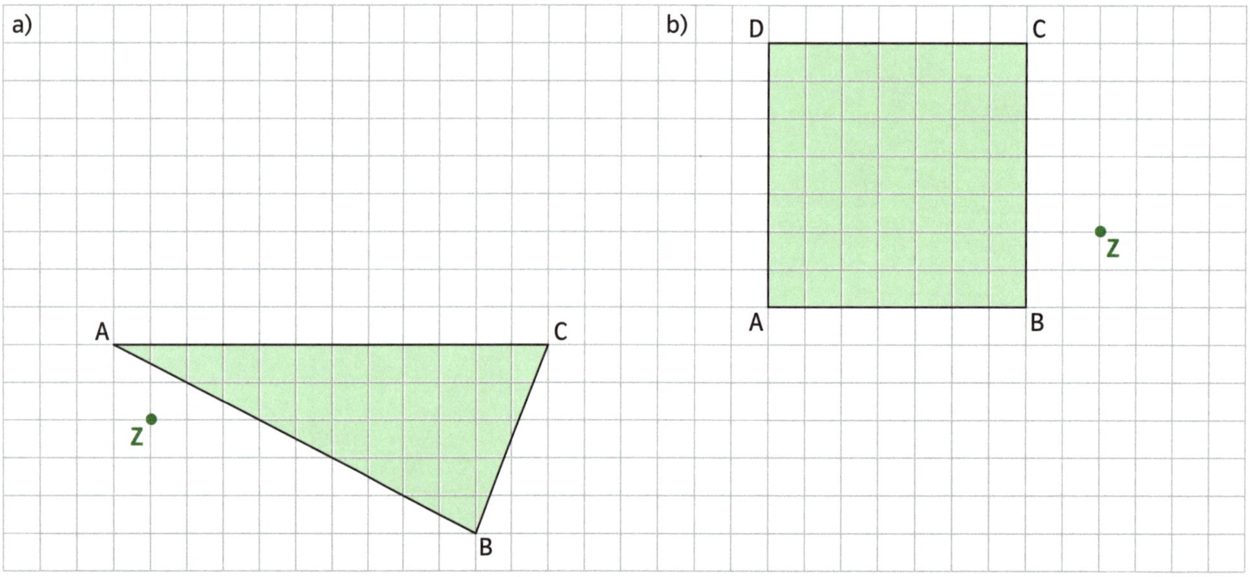

Drehsymmetrische Figuren

1

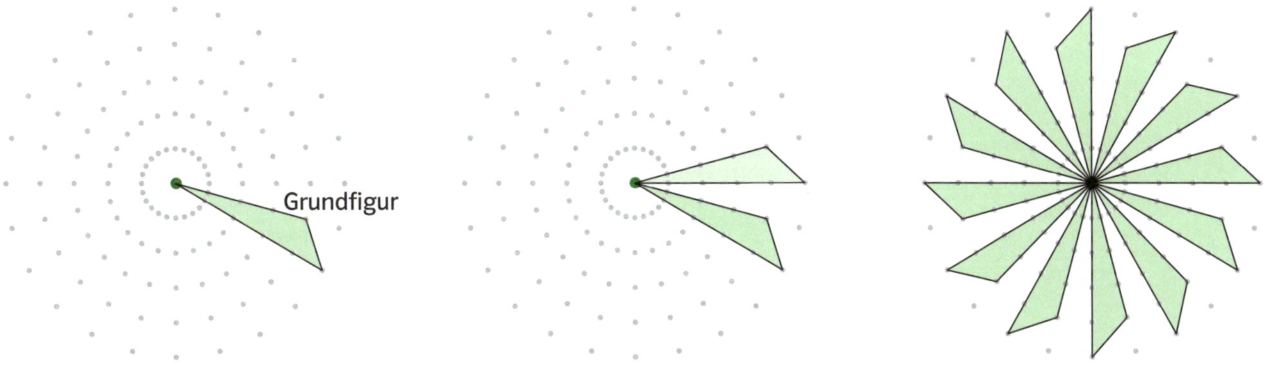

Im Beispiel ist mithilfe eines Punktrasters aus einer Grundfigur durch mehrfache Drehung eine drehsymmetrische Figur erzeugt worden. Um welchen Winkel ist die Grundfigur bei jedem Schritt gedreht worden?

Winkelgröße: ________

2 Ergänze zu einer drehsymmetrischen Figur.

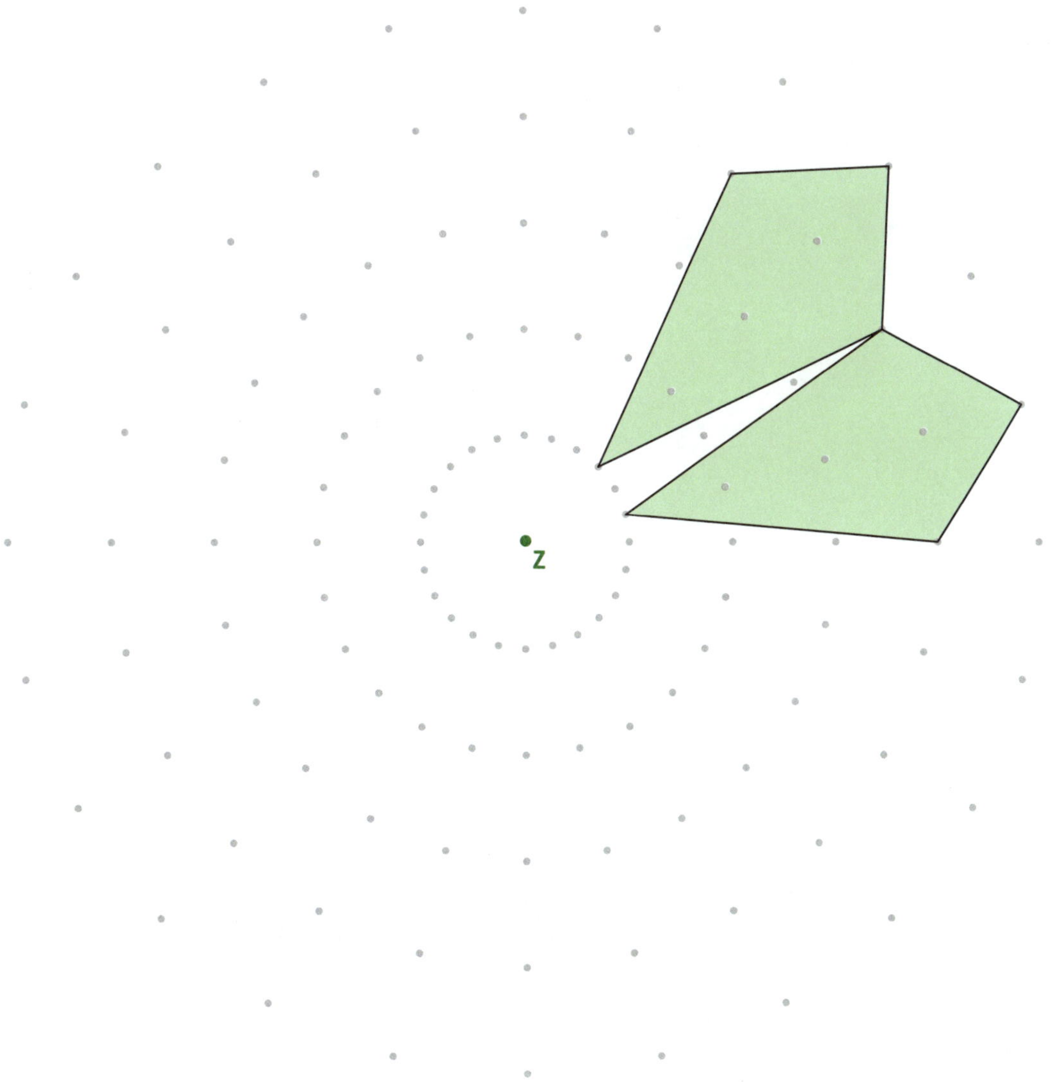

3 Ergänze zu einer drehsymmetrischen Figur.

a)

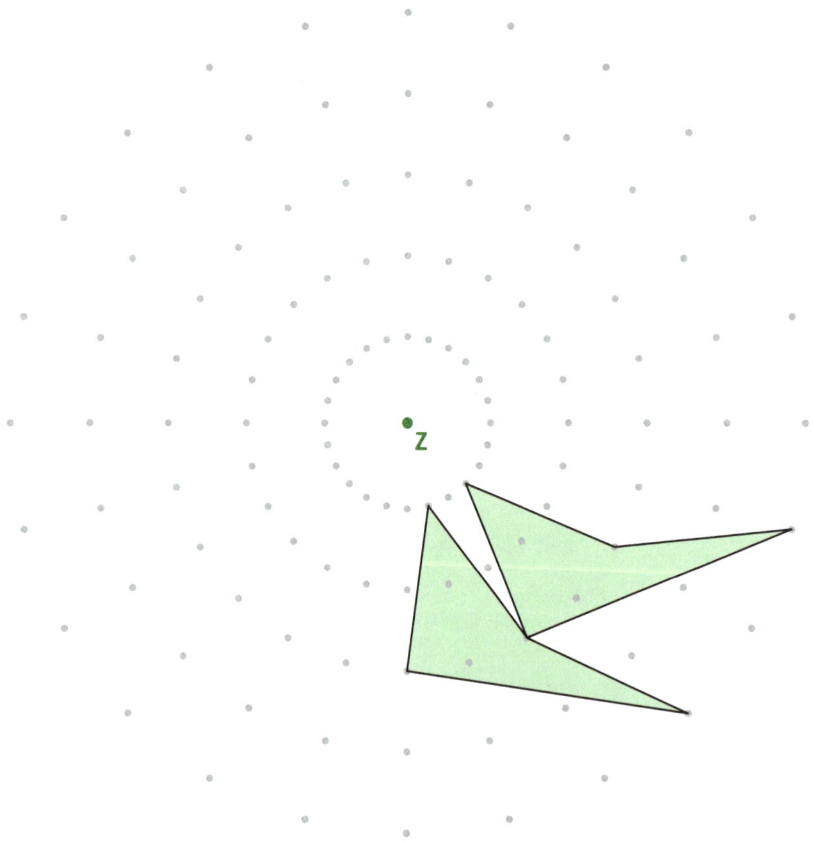

b)

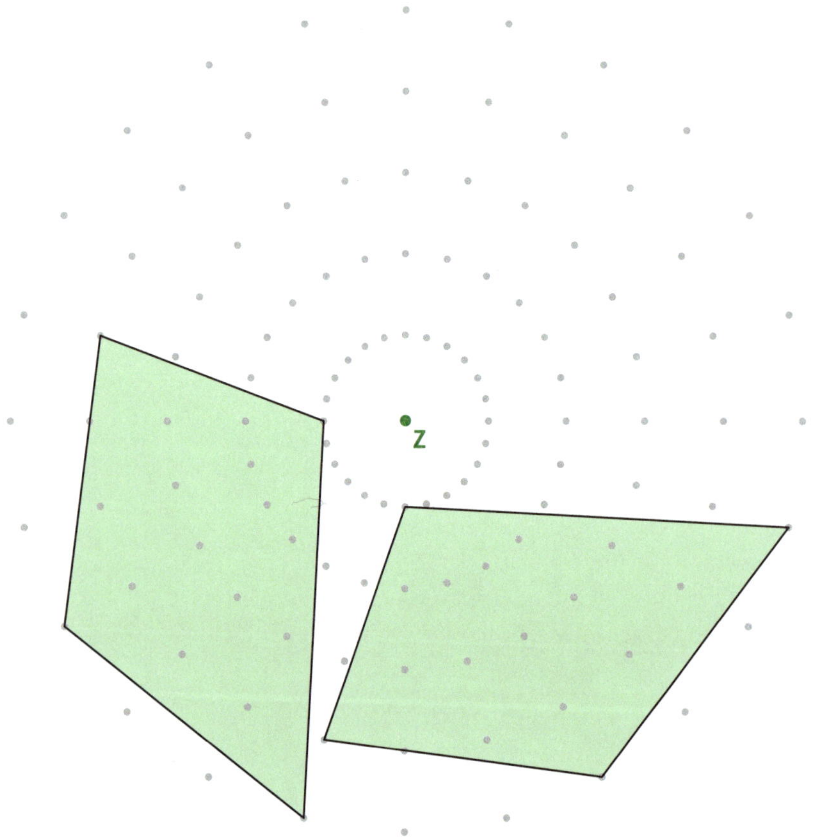

Punktsymmetrische Figuren

1 Ergänze die Figur zu einer punktsymmetrischen Figur.

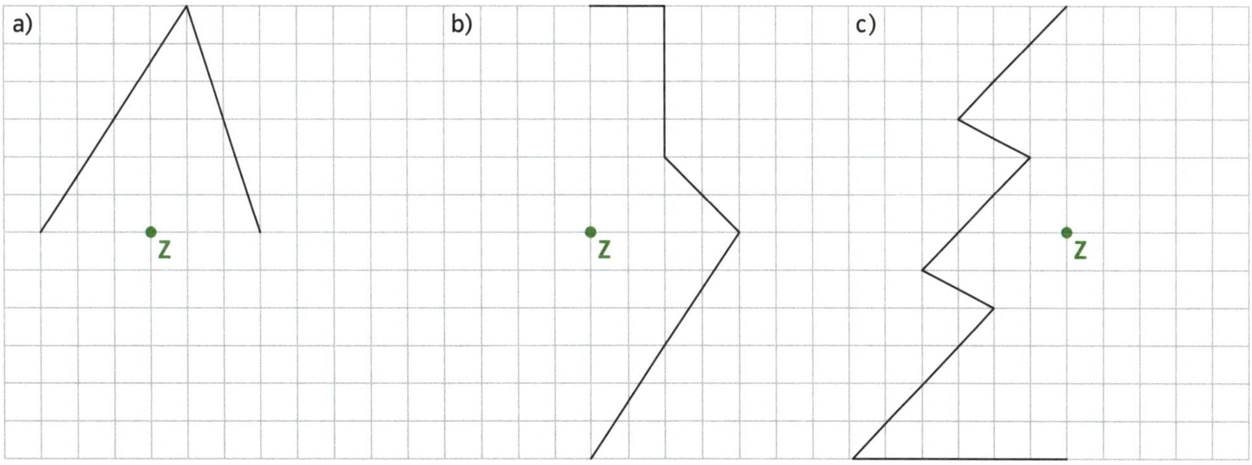

2 Ergänze zu einer punktsymmetrischen Figur.

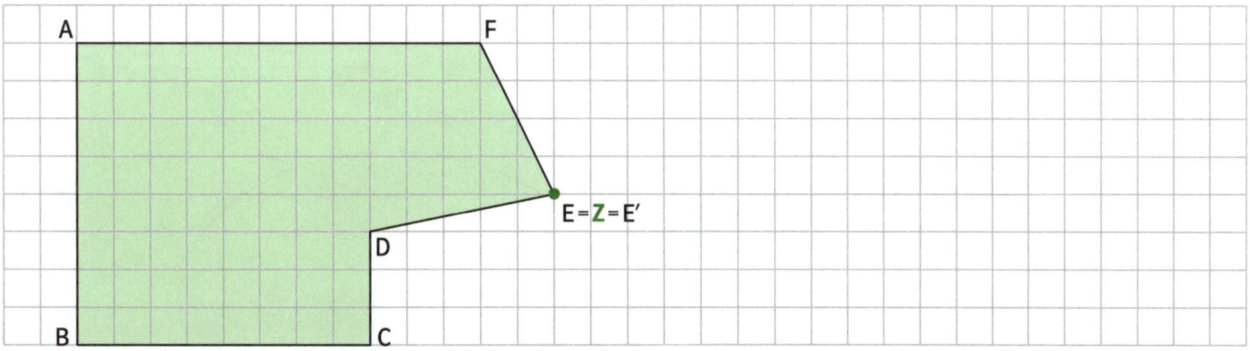

3 Ergänze die Spielkarte und gestalte sie farbig.

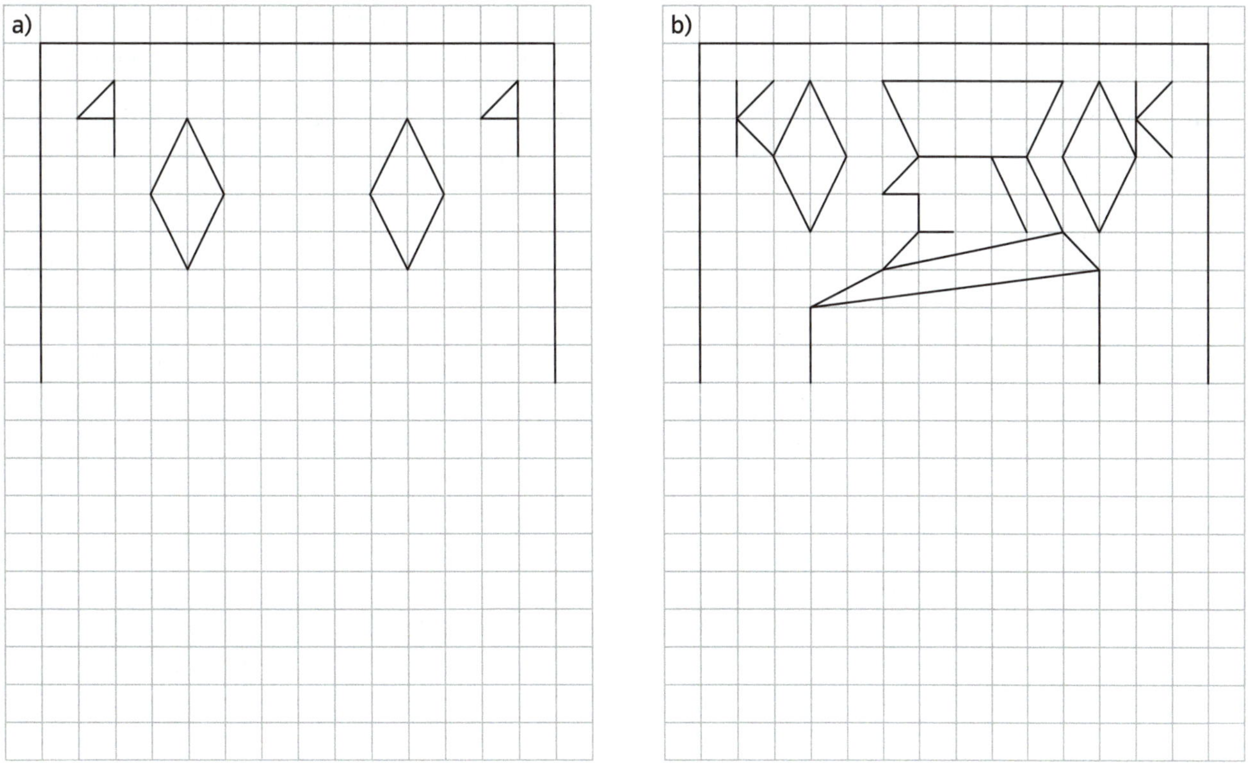

1 Vielfache von 8 Vielfache von 12

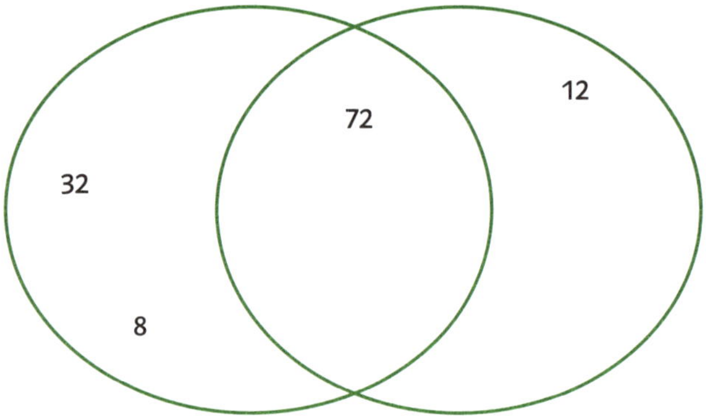

Vielfache von 9 Vielfache von 15

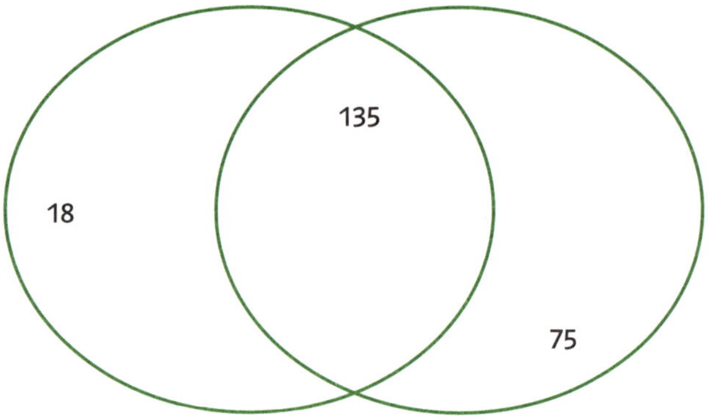

a) Ordne die Zahlen in das Diagramm ein:
16, 24, 36, 48, 60, 88, 96, 108, 120, 160

b) Ordne die Zahlen in das Diagramm ein:
27, 30, 45, 54, 60, 72, 90, 105, 180, 240

2 Bestimme die Teiler und trage sie in das Diagramm ein. Achte darauf, dass gemeinsame Teiler im passenden Überschneidungsbereich stehen. Unterstreiche den größten gemeinsamen Teiler.

a) Teiler von 18: ______________________

Teiler von 24: ______________________

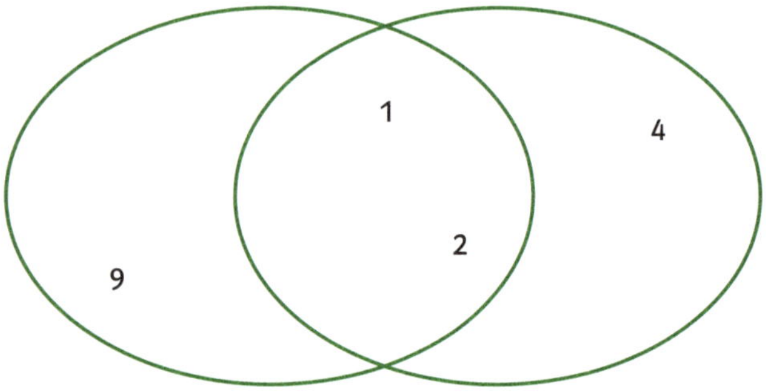

Teiler von 18 Teiler von 24

b) Teiler von 50: ______________________

Teiler von 30: ______________________

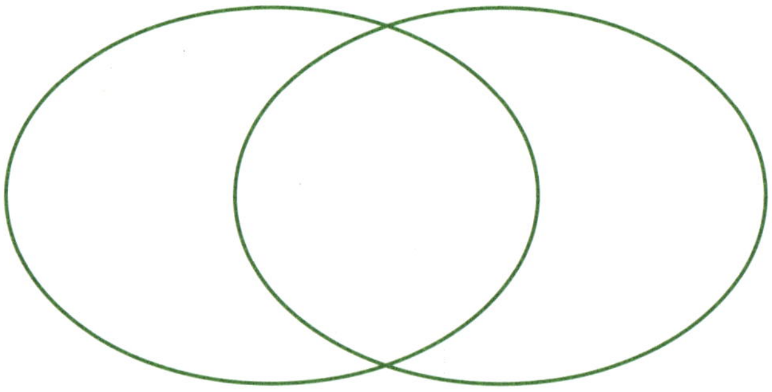

Teiler von 50 Teiler von 30

c) Teiler von 20: ______________________

Teiler von 36: ______________________

Teiler von 60: ______________________

Teiler von 20

Teiler von 60

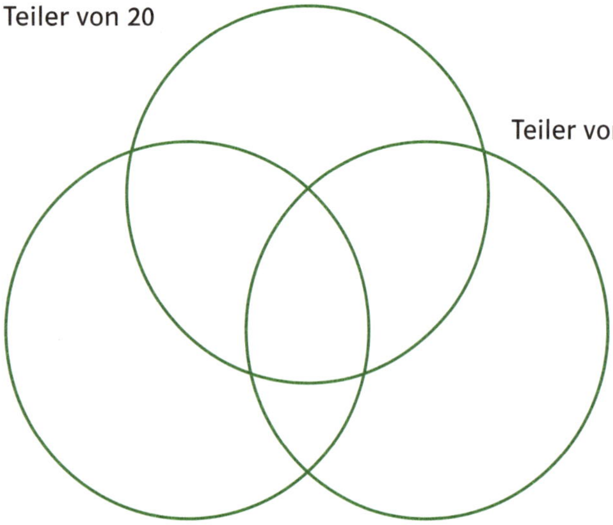

Teiler von 36

d) Teiler von 42: ______________________

Teiler von 54: ______________________

Teiler von 63: ______________________

Teiler von 42

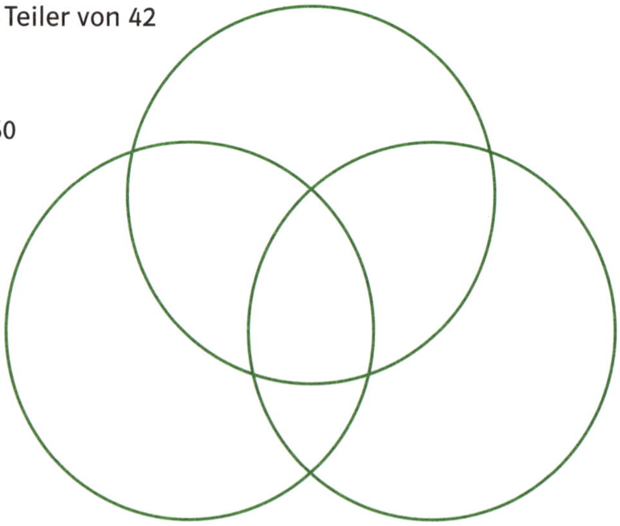

1 Streiche die Primzahlen durch. Die Summe der übrigen Zahlen beträgt 200.

a)
23 45 91 37
13 41 53 7
47 61 25
39 67 17

b)
59 19 62 11 71
51 79 97
43 83
73 67 87 29

c)
93 71 31 17
103 29 57 89
49 13 2 101 5 1

2 In der Tabelle sind alle zweistelligen Zahlen eingetragen. Kreise alle Primzahlen ein.

10	11	12	13	14	15
16	17	18	19	20	21
22	23	24	25	26	27
28	29	30	31	32	33
34	35	36	37	38	39
40	41	42	43	44	45
46	47	48	49	50	51
52	53	54	55	56	57
58	59	60	61	62	63
64	65	66	67	68	69
70	71	72	73	74	75
76	77	78	79	80	81
82	83	84	85	86	87
88	89	90	91	92	93
94	95	96	97	98	99

Was stellst du fest? ____________________

____

3 Vervollständige die Teilerbäume.

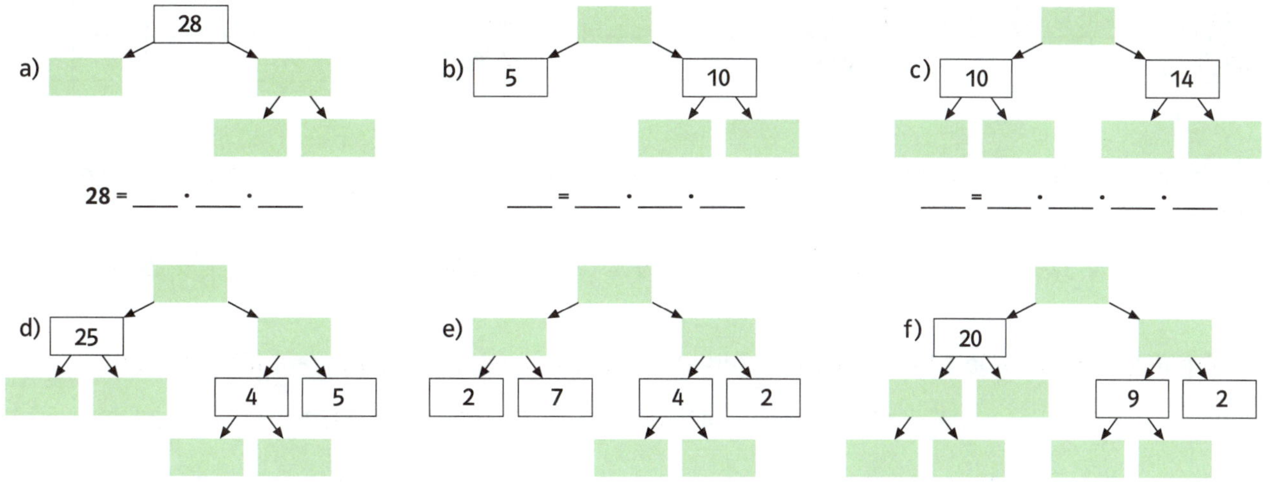

a) 28 = ___ · ___ · ___

b) ___ = ___ · ___ · ___

c) ___ = ___ · ___ · ___ · ___

d) ___ = ___ · ___ · ___ · ___ · ___

e) ___ = ___ · ___ · ___ · ___ · ___

f) ___ = ___ · ___ · ___ · ___ · ___ · ___

4 Welche Aussagen sind wahr, welche falsch? Kreuze entsprechend an.

	w	f
Zwischen 40 und 50 gibt es vier Primzahlen.		
Zwischen 30 und 40 gibt es mehr Primzahlen als zwischen 50 und 60.		
Es gibt zwei zweistellige Primzahlen, deren Quersumme 5 ist.		
Es gibt eine Primzahl, die durch 19 teilbar ist.		
Zwischen 50 und 55 gibt es keine Primzahlen.		
103 ist die kleinste dreistellige Primzahl.		
Es gibt keine zweistellige Primzahl, deren Quersumme 12 ist.		
Es gibt drei zweistellige Primzahlen, deren erste Ziffer eine 7 ist.		

Teilbarkeitsregeln

1 Entscheide, ob die Aussage wahr oder falsch ist, und kreuze entsprechend an.

	w	f
a) 471 ist durch 2 teilbar.	▢	▢
340 ist durch 5 teilbar.	▢	▢
246 ist durch 3 teilbar.	▢	▢
344 ist durch 4 teilbar.	▢	▢
154 ist durch 9 teilbar.	▢	▢

	w	f
b) 138 ist durch 2 und durch 3 teilbar.	▢	▢
255 ist durch 2 und durch 5 teilbar.	▢	▢
645 ist durch 3 und durch 5 teilbar.	▢	▢
336 ist durch 3 und durch 4 teilbar.	▢	▢
640 ist durch 4 und durch 5 teilbar.	▢	▢

	w	f
c) 347 ist nicht durch 2 teilbar.	▢	▢
735 ist nicht durch 5 teilbar.	▢	▢
344 ist nicht durch 3 teilbar.	▢	▢
181 ist nicht durch 4 teilbar.	▢	▢
333 ist nicht durch 9 teilbar.	▢	▢

	w	f
d) 657 ist durch 3, aber nicht durch 4 teilbar.	▢	▢
147 ist durch 2, aber nicht durch 5 teilbar.	▢	▢
235 ist durch 5, aber nicht durch 9 teilbar.	▢	▢
924 ist durch 4, aber nicht durch 5 teilbar.	▢	▢
687 ist durch 3, aber nicht durch 9 teilbar.	▢	▢

2 Kreuze die Teiler an.

teilbar durch	2	3	5
1570			
3375			
4054			
1590			
1331			
3420			

teilbar durch	4	9	10
9072			
7028			
7290			
7920			
7280			
2970			

teilbar durch	2	3	4	5	6	9
13 320						
46 035						
18 972						
22 140						
15 511						
57 780						

3 Ergänze die fehlende Ziffer, sodass die Zahl durch 9 teilbar ist. Manchmal gibt es zwei Möglichkeiten.

3▢48 875▢ 309▢2 27▢79 9▢5788 2▢91 2▢91

4 Ergänze die fehlende Ziffer, sodass die Zahl durch 6 teilbar ist. Es gibt mehrere Möglichkeiten.

2▢8 15▢ 418▢ 42▢8 27▢70 139▢ 32▢92

5 Ergänze die fehlende Ziffer, sodass die Zahl durch 3 teilbar ist. Gib drei Möglichkeiten an.

a) 3▢48 3▢48 3▢48 b) 27▢79 27▢79 27▢79

c) 15▢22 15▢22 15▢22 d) 117▢82 117▢82 117▢82

6 Ergänze die fehlende Ziffer, sodass die Zahl durch 4 teilbar ist. Gib drei Möglichkeiten an.

a) 12▢ 12▢ 12▢ b) 17▢4 17▢4 17▢4

c) 3▢8 3▢8 3▢8 d) 134▢ 134▢ 134▢